建築学入門シリーズ

地盤工学

◆桑原文夫／著

森北出版

建築学入門シリーズ監修委員会

- ■委員長　谷口汎邦（東京工業大学名誉教授・工学博士）
- ■委　員　平野道勝（東京理科大学名誉教授・工学博士）
- 　　　　　乾　正雄（東京工業大学名誉教授・工学博士）
- 　　　　　若色峰郎（（前）日本大学教授・工学博士）
- 　　　　　柏原士郎（武庫川女子大学教授・工学博士）
- 　　　　　関口克明（日本大学教授・工学博士）

構造・材料専門委員会

- ■主　査　平野道勝（東京理科大学名誉教授・工学博士）
- ■委　員　寺本隆幸（東京理科大学教授・工学博士）
- 　　　　　和田　章（東京工業大学教授・工学博士）
- 　　　　　桑原文夫（日本工業大学教授・工学博士）
- 　　　　　林　靜雄（東京工業大学教授・工学博士）
- 　　　　　穂積秀雄（新潟工科大学教授・工学博士）

（2007年10月現在）

本書のサポート情報などをホームページに掲載する場合があります．下記のアドレスにアクセスしご確認下さい．
http://www.morikita.co.jp/support

■本書の無断複写は，著作権法上での例外を除き禁じられています．複写される場合は，その都度事前に(株)日本著作出版権管理システム（電話 03-3817-5670, FAX 03-3815-8199）の許諾を得てください．

シリーズ刊行の序

　200万年を越える人類進化の過程で人間と建築の関係は多様な歴史を経ている．地球環境の連続的な変化と集団生態としての人類の英知は地球上の各地域において独自の生活を開拓し，建築・都市の世界文化遺産を残した．

　しかし，地球上のどの地域にも人間が住む環境をつくることができるようになったのは，産業革命後のたかだか過去200年余りのことである．その後20世紀の科学技術の急速な進歩は，地球環境の複雑で精緻なシステムに介入しはじめ，地球環境問題や資源・エネルギー問題を生じさせた．またこの100年の間世界人口が16億から62億へと爆発的に増加するなど，建築をとりまく自然環境・社会環境の不連続ともいえる変化が進行している．このような状況に対応することも21世紀の建築・都市の新しい課題であろう．20世紀のわが国近代化の歩みの中で育まれた独自の建築学・建築技術そして芸術の総合としての建築が国際的にも高い評価を得ている現在，グローバル社会の動向を踏まえながらも，国土固有の環境を再確認し，持続可能な環境文化として建築・都市・地域を発展させることが期待される．建築学の専門分野としては，

　（1）建築歴史・意匠　　　（2）建築計画・都市計画
　（3）建築構造・建築材料　（4）建築環境・設備

があり，これらを踏まえて建築設計と建築技術・生産活動が展開する．

　本シリーズは，はじめて建築の学習を志す方々のために編集されたもので高等専門学校，大学・短大とこれに準ずる学校を主たる対象として建築をつくる目標に向けて，その基礎基本の考え方と知識の育成に供し，さらに建築設計という総合化プロセスに求められる思考と能力の習熟に資することを目標にしている．現在，建築に関する国家資格の種類も数多くあるが，例えば建築士試験には4学科目と建築設計製図がある．これらを目標とするときにも本シリーズは学習を支援できると考えている．

監修委員会

構造・材料専門委員会　序文

　建築という言葉には広い意味があるが，建物を意味していると受取る人が多いことと思う．建物の形を作り出し，それを支えているものが建築構造である．
　私たち人類は，はるか昔から建物を造ってきたが，古くは，建物は伝承された経験と知恵によるわざで建てられてきた．そして，数々の願いとあきらめ，成功と失敗が繰り返されてきた．しかし，時代と共に建物に対する要求は高度化し，より大きく，より安定し，より過酷な環境に耐えられることが求められるようになり，それに応えて科学技術としての建築構造学が創り出された．
　建物構造技術の最も基本的な課題は，建物を安全に保つこと，すなわち破壊させないことである．そのためには，二つのことがわからなければならない．その一つは，重力をはじめとして強風や大地震などの建物の安全を脅かすものの性質を知ることである．もう一つは，それらが襲ってきたときの建物の対応状況・性質の予測である．この両者を知ることで，建物に安全性を与えることができることが納得できることと思うが，一方，それを実現させることが容易でないことも推察できることと思う．したがって，建築構造の先端技術は高度な専門技術者のものであるが，基本技術は建築関係者のだれでもが身に付けなければないものであり，正しく学習すれば十分理解できるものである．本シリーズは，基本となることがらを精選し，それらを一般の建築入門者が興味を持ってやさしく学べるように工夫したものである．
　本シリーズでは，構造・材料分野の続刊として，「鉄筋コンクリート構造」「建築構造の計画」「建築構造力学」そして「鉄骨構造」などを計画している．
　2002年9月

構造・材料専門委員会

まえがき

　建築構造分野の技術の中で，地盤工学は建物を支持する地盤を扱う学問である．土木工学や農業の分野まで対象にすると，土は土構造物をつくる建設材料や植物を育てる土壌のような広範囲な使われ方をするが，建築物に限定すると建物およびその基礎を支持する基盤としての機能がもっとも重要である．もちろん施工時の掘削や地下壁などのように，土を支える構造物も地盤工学の守備範囲である．

　本書の最終目的は，建築物を支える基礎構造の設計を行うことである．基礎の設計では，鉄筋コンクリートや鋼からなる基礎構造体の仕様を決める必要があるが，そのための重要なポイントは，地盤の強度が関係する安定問題と地盤のひずみが原因の変形問題である．設計された基礎構造はこの両者をともに満足しなければならない．

　本書の構成を逆にみてみると，後半にある第7章「極限土圧」，第8章「浅い基礎」，第9章「杭基礎」で，それぞれ擁壁，直接基礎，杭基礎を対象として，設計に必要な安定（支持力）問題と変形（沈下）問題を扱っている．擁壁の安定問題はその後の直接基礎の安定問題を扱うための準備としての役目ももつ．

　地盤の安定問題と変形問題を扱うには，土の強度と変形特性を知る必要がある．土の強度は第6章「土のせん断強さ」で扱う．土の強さは土の種類がわかっても一概に決まるものではなく，土が置かれている状況（拘束力や変形の条件など）によって変わるという厄介な性質がある．変形は広くいえば，せん断変形と圧縮があり，せん断変形は第6章で，圧縮については第5章「土の圧縮性と圧密」で扱っている．水を含む土の圧縮は圧密と呼ばれ，内部の水の排出を必要とするので，特別な配慮が必要である．

　第4章は「土中の水流」を扱っている．この問題は土木分野においてはアースダムや堤防中の水流を調べるのに必要であるが，建築基礎を対象とした本書でとくに取り上げた理由は第5章の圧密現象を理解するのに欠くことができない浸透流問題を扱う必要性からである．

第3章「地盤中の応力」では地下水を含んだ土に関する応力の考え方や，建物荷重による地盤中の応力を弾性論によって求めている．これらは土の強度に影響を及ぼす拘束圧を求めるためや，土の強度に対して応力がそれ以下となることを検証するために必要である．

　第1章は土ができるまでの知識，すなわち地質学の概説をまず述べている．地盤工学は工学であるのに対し，地質学は理学として位置付けられるが，同じ土を扱う学問であるので，そこから得られる情報は有益な場合が多い．第1章後半では，本書において以降の大部分で使う，土の性質を表す約束事としての物理量の定義を行っている．地盤を構成する土は鉄やコンクリートのような人工物ではないことや，基本的に建物を建設する場所に存在する土を使わなければならないので，どのような場合にも，まず，そこのある土の性質を調べることから仕事を始めなければならない．第2章は実際に現場で土の性質を調べる地盤調査方法について述べている．

　このように，地盤工学をはじめて学ぶには，本書の構成のような順序を追って学ぶことが効果的であるし，その必要があると感じている．いま学んでいることは何のために使われるのかを十分理解しながら学ぶことが大切である．

　本書は大学レベルの建築学科における地盤工学あるいは基礎構造という科目の教科書を意図して書かれている．本書は地盤工学の原理をやや丁寧に説明しているが，それは，講義を聴く学生は授業でノートを取り，理解したつもりになっていても，あとでもう一度勉強し直すときに，丁寧に解説された図書を希望するケースが多いからである．独学できることも考慮して本書はこの形式を取った．

　筆者は，大学3年生のとき，建築学科の授業科目の中で恩師吉見吉昭先生の「土質力学」の授業を受け，今までにない感銘を受けて，そのままこの分野を専門とする道を選んだ．それは「土質力学」がほかの構造工学と違って，問題に対する洗練された取り扱いや，当時，アメリカから帰国されたばかりの先生の教授法に新鮮さを感じたからであると思う．このたびこの本を執筆するに当たって，当時のノートや演習問題が大変参考になった．それらについて逐一のお断りを省略したが，それはこの本のすべてにわたって吉見先生の教えが生きているからであり，あらためて感謝の意を表したい．

2002年9月

著　者

目次

第1章 地盤を構成する土

1.1 地質学的にみた土の成因 ◇ 2
 1.1.1 成因による土の分類 …………2
 1.1.2 沖積層地盤 …………………6
 1.1.3 洪積層地盤 …………………8

1.2 土の組成と工学的分類 ◇ 9
 1.2.1 基本量の定義 ………………9
 1.2.2 土の密度 ……………………13
 1.2.3 粒径による分類 …………16
 1.2.4 土のコンシステンシー ……21

練習問題1 ◇ 25

第2章 地盤調査

2.1 地盤調査の種類 ◇ 28
 2.1.1 事前調査 ……………………28
 2.1.2 本調査 ………………………28

2.2 ボーリング ◇ 28

2.3 サンプリング ◇ 30
 2.3.1 固定ピストン式シンウォールサンプリング ………………………30
 2.3.2 ロータリー式二重管サンプリング ……………………………32
 2.3.3 原位置凍結サンプリング ……32

2.4 サウンディング ◇ 33
 2.4.1 標準貫入試験 ………………34
 2.4.2 オランダ式二重管コーン貫入試験 ………………………………35
 2.4.3 スウェーデン式貫入試験 ……36
 2.4.4 その他の試験法 ……………37

第3章　地盤内の応力

3.1　自重による地盤内の応力 ◇ 42
3.2　モールの応力円と応力経路 ◇ 43
　　　　　　　　　　　　　　3.2.1　モールの応力円 …………43
　　　　　　　　　　　　　　3.2.2　応力経路 …………………46
3.3　間げき水圧と有効応力 ◇ 49　3.3.1　土中水の圧力 ……………49
　　　　　　　　　　　　　　3.3.2　有効応力の定義 …………50
3.4　荷重の作用による地中応力増加 ◇ 54
　　　　　　　　　　　　　　3.4.1　地表面に働く集中荷重 ……55
　　　　　　　　　　　　　　3.4.2　地表面に分布する鉛直荷重 ……56
　　練習問題3 ◇ 62

第4章　土中の水流

4.1　ダルシーの法則 ◇ 64　　　4.1.1　水頭 ………………………64
　　　　　　　　　　　　　　4.1.2　ダルシーの法則 …………65
　　　　　　　　　　　　　　4.1.3　透水係数 …………………67
4.2　透水試験法 ◇ 70　　　　4.2.1　定水位透水試験 …………70
　　　　　　　　　　　　　　4.2.2　変水位透水試験 …………70
4.3　浸透力 ◇ 72
　　練習問題4 ◇ 74

第5章　土の圧縮性と圧密

5.1　土の圧縮性 ◇ 76
5.2　圧密試験 ◇ 78
5.3　圧密沈下量 ◇ 85
5.4　圧密理論 ◇ 89　　　　　5.4.1　テルツァギの一次元圧密理論 …89
　　　　　　　　　　　　　　5.4.2　圧密方程式の解 …………91
　　　　　　　　　　　　　　5.4.3　圧密係数の求め方 …………95

　　練習問題5 ◇ 98

第6章 土のせん断強さ

- 6.1 せん断試験 ◇ 100
  - 6.1.1 一面せん断試験 ……………… 100
  - 6.1.2 三軸圧縮試験 ……………… 102
  - 6.1.3 一軸圧縮試験 ……………… 112
- 6.2 砂質土のせん断強さ ◇ 112
  - 6.2.1 見掛けの粘着力 ……………… 112
  - 6.2.2 インターロッキング ……………… 113
  - 6.2.3 残留強さ ……………… 114
  - 6.2.4 飽和砂の液状化 ……………… 115
- 6.3 粘性土のせん断強さ ◇ 116
  - 6.3.1 正規圧密粘性土 ……………… 116
  - 6.3.2 過圧密粘性土 ……………… 116

練習問題6 ◇ 117

第7章 極限土圧

- 7.1 ランキン土圧 ◇ 120
  - 7.1.1 主働土圧 ……………… 120
  - 7.1.2 受働土圧 ……………… 122
  - 7.1.3 裏込め土の表面に荷重が働く場合 ……………… 124
  - 7.1.4 粘着力 c がある場合 ……………… 125
  - 7.1.5 擁壁に作用する水圧と有効土圧 126
- 7.2 クーロン土圧 ◇ 127
- 7.3 擁壁の設計 ◇ 130
  - 7.3.1 擁壁の転倒 ……………… 130
  - 7.3.2 擁壁の滑動 ……………… 132

練習問題7 ◇ 134

第8章 浅い基礎

- 8.1 鉛直支持力 ◇ 136
  - 8.1.1 鉛直荷重〜沈下特性 ……………… 136
  - 8.1.2 極限釣合い理論による支持力 … 137
  - 8.1.3 極限支持力と支持力係数 ……… 139
- 8.2 沈下 ◇ 143
  - 8.2.1 即時沈下 ……………… 143
  - 8.2.2 圧密沈下 ……………… 148

	8.2.3 許容支持力と許容沈下量 ……… 148
練習問題 8 ◇ 150	

第9章　杭基礎

9.1 杭の種類と施工法 ◇ 152	9.1.1 既製杭材料による分類 ………… 152
	9.1.2 施工方法による分類 …………… 154
9.2 杭の鉛直支持力 ◇ 159	9.2.1 鉛直載荷試験 ………………… 159
	9.2.2 鉛直荷重〜沈下特性 ………… 160
	9.2.3 杭先端支持力 ………………… 163
	9.2.4 杭周面抵抗力 ………………… 165
	9.2.5 許容支持力 …………………… 166
	9.2.6 負の摩擦力 …………………… 169
	9.2.7 群杭の鉛直支持力 …………… 170
9.3 杭の水平抵抗 ◇ 172	9.3.1 弾性地盤中の杭の水平抵抗 …… 173
	9.3.2 杭の極限水平抵抗 …………… 176

解答 ◇ 180

引用・参考文献 ◇ 187

索引 ◇ 188

第1章

地盤を構成する土

　地盤の詳細な調査は第2章で扱うが，その前に地形やその土地ができた成因を調べることは大切なことである．それには地質学の知識が役に立つ．日本の都市の多くは沖積平野にあり，とくに最近ではその中でも軟弱な地盤の上にまで高層建物を立てざるを得ない状況にある．このような地盤がどのようにしてできたかを知るために，この章の前半では主として都市の地盤がどのようにしてできたかという地質学の基礎知識について学ぶ．

　土を微視的にみると小さい粒子の集りであるが，土の性質はその粒子をつくっている物質によって左右されるだけでなく，その粒子の詰まり方，すなわち密度や含んでいる水の量などの影響を受ける．そこで，自然の地盤に存在している土の状態を規定する物理量を決めなければならない．この章の後半では，後の章で述べる土の性質を理解する準備の意味で，土の基本量についての説明を行う．

1.1 地質学的にみた土の成因

　地質学は地球を構成する物質や地表面の地形に関する学問であるが，われわれがここで必要とするものは建物の下にある地盤がどのようにしてできたかを知ることであり，40億年以上の地球の歴史についてではない．われわれがその上に住んでいる地盤の多くは，いまからおよそ2万年前以降に堆積した沖積層 (alluvium deposit) と呼ばれるもっとも新しい地盤からなる平野か，その前の200万年以降の洪積層 (diluvial deposit) と呼ばれる少し古い台地などである．いずれにしても地球の誕生以来の長い地形変化の歴史からみるとごく最近にできた地盤である．

1.1.1 成因による土の分類

　土は岩石が風化してできた小さい粒子の集まりである．岩石の風化作用には，温度変化による鉱物自身の崩壊や侵入した水の凍結による破壊などの物理的風化と，大気中や水中に含まれる酸素や炭酸ガスによる化学変化や水和作用などの化学的風化とがある．風化により大きな岩の塊から次第に小さい土の粒子へと変わっていく．

　岩が風化してできた土が，もとの岩があった場所にそのまま存在することがある．老年期の山地や丘陵地では，激しく侵食されることがなく，風化が深くまで進行して，岩が土に変わってしまう．このような土を残積土 (residual soil) (または定積土 (sedimentary deposit)，あるいは風化土 (weathered soil)) と呼ぶ．瀬戸内海沿岸の中国地方に分布するまさ土という土は，花こう岩が風化してできた残積土である．

　風化した土は岩に比べると強度が小さいので，空気や水によって侵食されやすい．この土はさらに運搬され，別な場所に堆積する．土が長い距離を運搬される間に，その大きさや形を変えるとともに分級される．土粒子はその大きさにより堆積条件が異なるので，堆積場所によりいろいろな粒度構成の土ができる．一般に粒径の小さい土ほど遠くまで運ばれる．このように運搬され，堆積した土は堆積土 (sediment) (または運積土 (transported deposit)) と呼ばれる．堆積土はさらに長い年月と高い圧力を受けて，ふたたび岩 (堆積岩) に戻る．

　堆積土はその生成の営力により，崩積土 (colluvial deposit)・沖積土 (allu-

撮影「富嶽仙人」
図1.1 崖錐地形

国土地理院5万分の1地形図「日光・矢板」
図1.2 扇状地

vial soil)・風積土 (aerolian deposit)・氷積土 (glacial deposit) などに分けられる．崩積土は重力の作用により，風化した岩屑が斜面を転がり落ちて堆積した，運搬距離の短い堆積土である．岩石の露出した崖の下に堆積した地形は崖錐 (talus) と呼ばれる (**図1.1**)．しかし，山岳地にみられるこのような地形の上に建物を建てることはほとんどない．

沖積土は河川により運搬された土がその流速の変化に伴って堆積した土である．いろいろな粒径の土を水に入れると，大きい粒子から先に沈殿し，小さい土粒子はいつまでも浮遊している．川が山地から平野に出てその勾配が緩くなると，まず玉石や礫などの大きな粒子が堆積する．山地と平野の境界に形成される扇型の地形は扇状地 (alluvial fan) と呼ばれ，排水性がよいので河川はしばしば伏流水となる（**図 1.2**）．

河川が平野に出ると，流速が衰えるので砂のような粒子が堆積を始める．河道の両側に沿って堆積した堤防状の地形を自然堤防 (natural levee) と呼ぶ．河川はしばしばその河道を変えてきたので，現在の河川から離れた位置に自然堤防がみられることがある．自然堤防の後ろ側には洪水によって氾濫した泥水が長時間帯水したために，砂よりも粒子の小さい細粒土が堆積し，沼のような地形ができあがる．このような低地は後背湿地 (back marsh) といわれる（**図 1.3**）．

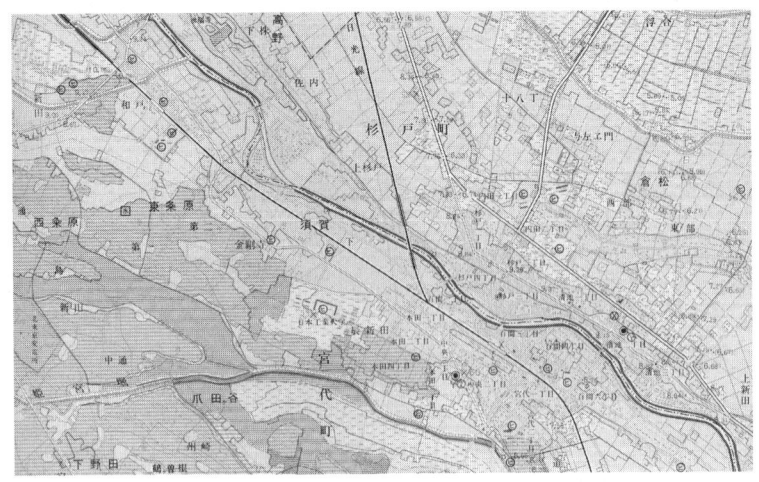

国土地理院土地条件図「鴻巣」

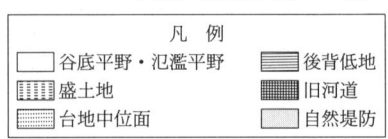

図 1.3 自然堤防と後背湿地

1.1 地質学的にみた土の成因　5

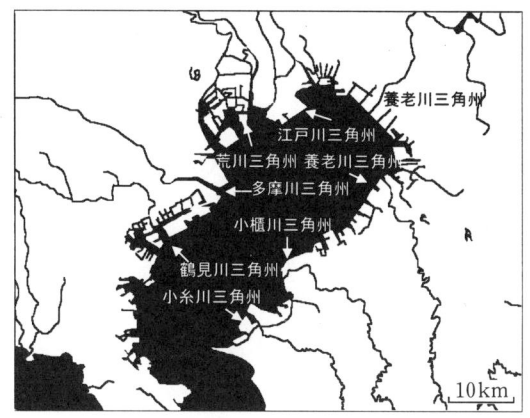

図1.4　三角州

　河川が海に到ると，運搬力を失い，運んできた土砂を堆積する．河口には細かい砂からなる三角州 (delta) を出現させる (図1.4)．また海に放出された細かい粒子も海底に堆積し，粘土層を形成する．

　風によって運ばれる土は風積土と呼ばれ，比較的小さい粒径からなる場合が多い．火山性の堆積土も風積土の一種であり，わが国では関東地方の関東ロームと南九州のしらすが有名である．ともに比較的強度があるが，いったん乱すと極端に弱くなるといった特異な性質を持っている．

　このほかの堆積土として，氷河により運ばれた氷積土がある．氷または雪によって削られた岩屑などが氷によって運ばれ，堆積したものである．これらが水によって運ばれた土と基本的に異なる点は，粒径の分級作用 (sorting) が行われていないことである．したがって，堆積場所で礫や粘土を一度に放出するので，礫の混じった粘土などが存在する．これらは北欧ではしばしばみられ，しかも土質工学上問題の多い土である．

　いままで述べてきた土は岩すなわち鉱物が単にその大きさを減少させてできた土であった．粘土鉱物のようにいったん水に溶解したものがふたたび結晶してできたものもあるが，鉱物＝無機質である．これに対し，植物の屍骸が堆積してできた植積土（または有機質土 (organic soil) と呼ばれる）は，土の組成が無機質土とは基本的に異なるので，圧縮性などの工学的性質も特異なものが多い．北海道でよくみられる泥炭 (peat) は代表的な植積土である．

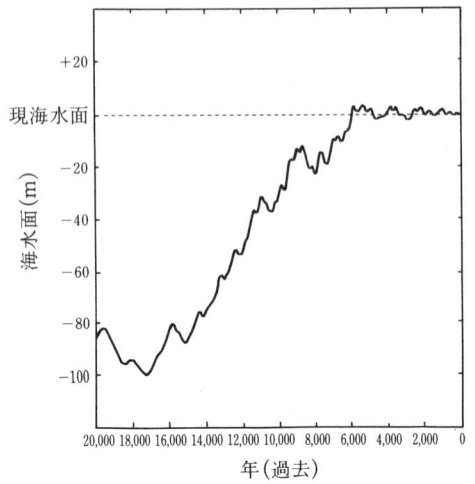

図1.5 最終氷河期以降の海水面の変動[3]

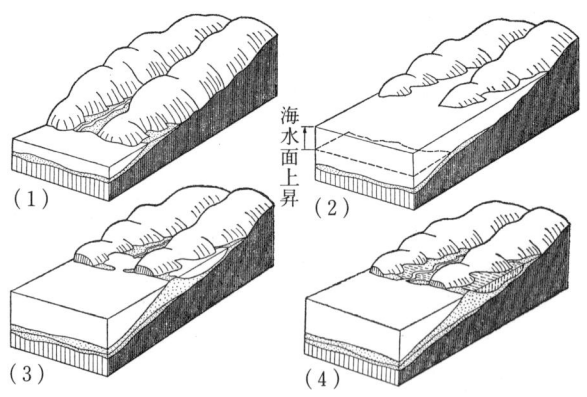

(1) 洪積世氷期：低下した海水面と浸食台の生成
(2) 沖積世初期：海水面上昇によるおぼれ谷の生成
(3) 沖積世中期：沿岸砂州と三角州の発達，入海の湖沼化
(4) 現　　　在：湖沼の埋積による沖積平野の生成

図1.6 おぼれ谷[1]

1.1.2 沖積層地盤

　40億年以上の地球の歴史の中で，およそ200万年以降の地質時代のことを第四紀（Quaternary）と呼ぶ．その第四紀の中で，最近の30万年の間に4回の氷河期と呼ばれる寒冷な時期があったことがわかっている．それらの氷河期

の間には間氷期 (interglacial stage) と呼ばれる気温の高い時期があり,現在は間氷期にある.現在,地球の平均的な気温は約 15°C であるが,氷河期はそれより 5〜6°C ほど低い状態であったらしい.このために地球上の水は大陸に氷の形で閉じ込められるので,海水面は 100 m 前後低下していたと考えられている.

最後の氷河期の最盛期はいまからおよそ 2 万年前で,その時には現在より海水面は 100 m 以上低いところにあった (**図 1.5**).このとき,地上の河川は陸地を侵食し,深い谷が形成されていた.その後地球の温暖化に伴い,海水面は上昇し,約 6000 年前にほぼ現在の水位に達した.その上昇速度は 1 cm/年である.このために先に地上でつくられた谷は海水面下に埋没し,おぼれ谷という地形ができた (**図 1.6**).このおぼれ谷 (drowned valley) には河川が運んできた土砂が堆積し,次第にその谷を埋立てていった.氷河の融解による海水面の上昇速度 (1 cm/年) はこの埋立てによる海底面の上昇速度より早いので,海岸線は次第に内陸に入っていく.このような現象を海進 (marine transgression) いう.

河口付近での土砂の堆積は,内陸から海に向かって粒径の粗いものから細かいものの順に行われる.したがって,海進が進む間は,**図 1.7(a)** に示すように,

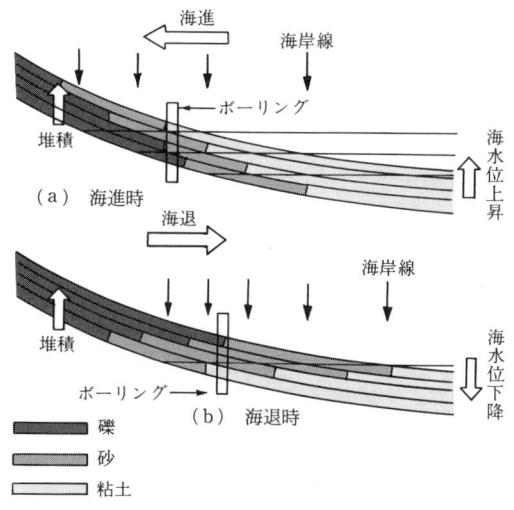

図 1.7 海水面の変動にともなう堆積環境の変化

粗粒土と細粒土の境界は次第に内陸に向かっていく．したがって，このような堆積をした場所で鉛直方向の地盤の断面をみると，下から上に向かって粒径の大きな礫，砂そして粘土といった順になるはずである．

現在，海水面の上昇は止まり，およそ6000年あまり変わらない状態が続いていると考えられているが，河川による土砂の堆積は続いているので，海岸線は次第に沖の方へ後退している（これを海退（marine regression）と呼ぶ）．もちろん，海水面が低下すればより顕著な海退が起こる．この場合には海進と反対の現象，すなわち粘土層の上部に砂層が堆積した地盤ができる（図1.7(b)）．

現在，沖積平野にある都市地盤の多くにみられるように，地表面付近に砂層があり，その下に軟弱な粘土層が存在するのは，海進が長い間続き，その後海退が起こったおよそ2万年の間に堆積した土の堆積環境を物語るものである．

沖積層は過去に海水面の大きな変動を経験していないし，またその上に氷河の重さによる力も受けていない．つまり，土自身の重量によって上から押さえられているだけなので，比較的緩い状態で堆積している．土粒子間の結合力は弱く，新たに加わる荷重によって容易に圧縮したり，変形する．とくに海や湖で堆積した粘土は軟弱な地盤を形成し，都市の開発にともなってその上に建築物をつくる場合には，いろいろな問題を検討しなければならない．

1.1.3 洪積層地盤

洪積層はいまから2〜200万年の間に堆積した地盤であるが，その堆積条件は基本的に沖積層と変わらない．すなわち，氷河期，間氷期による海水面の変動にともなって，侵食，堆積する状態は前節の沖積層の成立と同じである．つまり，最終氷河期以後の堆積物を沖積層と呼び，その前に起こった何回もの氷河期の間に堆積したものを洪積層と呼んでいるわけである．

氷河期は最低4〜5回確認されており，海退時に前の洪積地盤を侵食し，海

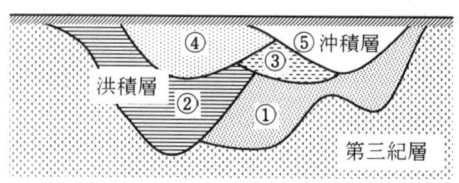

図1.8　洪積層の堆積と侵食

進時にその上に新たな洪積層が堆積したので，現在洪積層と呼ばれている層は複雑な層構成をしている．しかし，海水面変化の1サイクルの間に堆積する土は粗粒土，細粒土，粗粒土の順であるので，これが層の重なり合いの判断のための一つの材料になる（図1.8）．

海水面が低下すると，いままで水中にあった土が受けていた浮力（100mの海面低下のときは1000 kPa）が下の地盤に加わることになるので，土は強く圧縮されて密に詰まる．また何万年という時間によって，土粒子どうしはその結合力を増すので，洪積層は沖積層よりはるかに強度が大きい．軟弱な沖積層の下部に堆積したこのような礫層や強い粘土層は，建物の杭を支持する支持地盤として利用されている．さらに古い洪積層では，長い時間と繰り返し加わった高圧力により，土は岩のようになる．砂岩や泥岩はこのようにしてできたものである．しかし，それらも火成岩に比べると強度は小さい．

洪積世（Diluvium）（洪積層が堆積した時代）は沖積世（alluviun epock）に比べると，はるかに長いので，堆積年代によってその工学的性質は大きく変化することに注意しなければならない．洪積世末期に堆積した洪積層には沖積層に近いものがあり，建物の支持地盤として不十分なものもある．単に地質時代区分だけでその工学的性質を判断することは危険である．洪積層の厚さは平野部で厚く，厚いところでは1000 m以上に達することもある．

関東地方の台地や丘陵地には赤茶色の土がその表面を被っている．これは主として洪積世に関東地方の火山から噴出した火山灰が堆積したもので，関東ロームと呼ばれ，粒径はシルト，粘土に属する．強度は比較的大きいが，いったんその土を乱すと，その強度が極端に低下するといった特異な性質をもっている．同様の性質をもった土に南九州のしらすがあるが，これも火山灰の堆積した土である．

1.2 土の組成と工学的分類

1.2.1 基本量の定義

これからわれわれの扱う土は，土粒子・水・空気の三つからなりたっていると考えてよい．すなわち土は固体・液体・気体の三つの相からなる．もちろん，土粒子鉱物中に含まれる結晶水は固体であり，水中に溶け込んだ空気は液体で

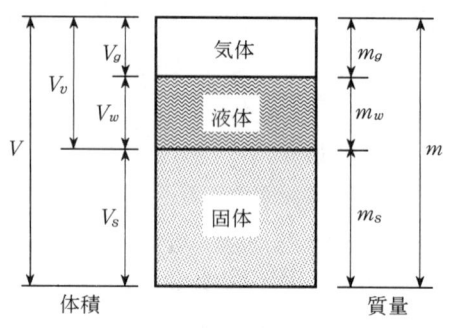

図1.9 土の構成成分の体積と質量

あるが，大まかにいって，「固体＝土粒子」「液体＝水」「気体＝空気」と考えてよい．

　土粒子は重なり合って土の骨格を形成している．その間げきの部分に水と空気が存在する．いまある量の土塊を取り，その体積を V，質量を m とし，またそのうちの固体・液体・気体部分をそれぞれ添字 s，w，g を付けて表すと，土の構成は図1.9のようになる．図中の v は土粒子のすきま＝間げき（void）を意味する．これらの三相部分の割合は地盤工学上重要な意味をもち，土の基本量として次のように定義される．

$$間げき比 \quad e = \frac{V_v}{V_s} \tag{1.1}$$

$$間げき率 \quad n = \frac{V_v}{V} \tag{1.2}$$

$$飽和度 \quad S_r = \frac{V_w}{V_v} \tag{1.3}$$

$$含水比 \quad w = \frac{m_w}{m_s} \tag{1.4}$$

　間げき比（void ratio）は間げきの体積と土粒子の体積の比であり，土粒子の詰まり具合を表す．間げき比と間げき率（porosity）は

$$n = \frac{e}{1+e} \tag{1.5}$$

$$e = \frac{n}{1-n} \tag{1.6}$$

の関係があり，どちらの量を使ってもかまわないが，土質工学では習慣的に間

げき比を使う場合が多い．

　飽和度(degree of saturation)は間げき中に占める水の体積の割合である．通常は百分率で表す．

　間げき比は間げきと土粒子の体積比であるが，含水比(water content)はそれを質量比で表現したものである．間げきが水で飽和していれば($S_r=100\%$，飽和土という)，間げき比と含水比の比は常に一定である．すなわち，土粒子の密度(soil particle density) ρ_s は質量を体積で割って

$$\rho_s = \frac{m_s}{V_s} \tag{1.7}$$

と表せるので，以下のような関係がなりたつ．

$$e = \frac{V_v}{V_s} = \frac{\dfrac{V_w}{S_r}}{\dfrac{m_s}{\rho_s}} = \frac{V_w}{m_s}\frac{\rho_s}{S_r} = \frac{V_w}{m_w}\frac{m_w}{m_s}\cdot\frac{\rho_s}{S_r} = \frac{w\rho_s}{S_r\rho_w} \tag{1.8}$$

　それでは実際の土について，これらの基本量はどのようにして求めたらよいであろうか．質量ははかりを使って，比較的簡単に求められる．土粒子の質量は水分を含んだ土を乾燥炉に入れて水分を蒸発させてから質量 m_s を計る．土中の水の質量は直接求めることはできないが，水分を含んだ土の質量 m から，それを乾燥後に測った土粒子の質量 m_s を引けばよい．

　液体の体積はメジャー付の容器により容易に求められるが，任意の形状をした物体の体積は少し面倒である．たとえば土粒子の密度を求めるには，土粒子の体積 V_s を知る必要がある．JIS(日本工業規格)では次のように決められている．

　まず，ピクノメーターと呼ばれる容量(たとえば100cc)の正確にわかった

図1.10　土粒子比重計(ピクノメーター)

容器(図1.10)に蒸溜水を満たし,その質量 m_a を計る.次に乾燥した土の試料(質量＝m_s)をピクノメーターの中に入れ,蒸溜水で容量を満たし,その質量を計る($=m_b$).すると m_a,m_b の意味は次のようになる.

m_a＝容器の質量＋100ccの水の質量

m_b＝容器の質量＋土粒子の質量＋(100cc－土粒子の体積)の水の質量

このとき上の式の意味を正確に表現するためには,ピクノメーター中の土に含まれていた空気を完全に取り除く必要があり,普通10分以上煮沸する.以上の量から土粒子と同じ体積の水の質量は,

$$\rho_w V_s = m_a - (m_b - m_s) \tag{1.9}$$

となる.すなわち,土粒子の体積に等しい水の質量とその密度から土粒子の体積を求めたことになる.正確には温度により水の密度 ρ_w は異なるので,とくに指定されない場合は15°Cにおける密度を求めることにされている.

土塊の体積 V は,土をある規則的な形,たとえば円柱に削りだし,その寸法をノギスで計って求める直接測定法,または形状が不規則な土塊については,その土を液体中に入れ,排除された液体の体積を測る置換法が用いられる.置換法で用いられる液体は水銀または水が一般的である.水の場合は土の間げき部分に水の出入りがないように,パラフィンなどでシールする必要がある.原位置では,地盤に穴を掘り,そこに乾燥砂を投入し,その体積を測ることがある.

表1.1 代表的な鉱物と土粒子の密度

鉱物名	密度 ρ_s(g/cm³)	土質名	密度 ρ_s(g/cm³)
石 英	2.6～2.7	豊浦砂	2.64
長 石	2.5～2.8	沖積砂質土	2.6～2.8
雲 母	2.7～3.2	沖積粘性土	2.50～2.75
磁鉄鉱	5.1～5.2	泥炭(ピート)	1.4～2.3
カオリナイト	2.5～2.7	関東ローム	2.7～3.0
モンモリロナイト	2.0～2.4	しらす	1.8～2.4

実際の地盤中に存在する土の諸量は，緩い砂の場合 e（間げき比）$=1.0$ 前後，沖積粘土では $e=2\sim 3$ が平均的である．また代表的な鉱物と土の密度を**表1.1**に示す．岩の風化してできたいわゆる無機質土は，砂の場合，主として石英などの鉱物からなっているので，その密度はほとんど $2.6\sim 2.7\,\mathrm{g/cm^3}$ の狭い範囲にある．粘土鉱物はこれらの鉱物が一度分解し，さらに再結晶したものであるが，その密度は砂とほとんど変わらない．

しかし，代表的な有機質土であるピートの密度は $1.5\,\mathrm{g/cm^3}$ 程度と，無機質土に比べてはるかに小さい．また，有機質土の特徴は高含水比にある．通常の軟弱な粘土でも自然含水比は $100\,\%$ 程度であるが，ピートの含水比は数百パーセントにも及ぶ．

例題1.1

体積 300 cc，重量 550 g の土がある．土粒子の密度は $2.65\,\mathrm{g/cm^3}$ である．これを乾燥したところ，重量が 420 g になった．乾燥前の含水比，間げき比および飽和度を求めよ．

【解答】含水比は式 (1.4) より，水の質量を土粒子の質量で割って

$$w=\frac{m_w}{m_s}=\frac{m-m_s}{m_s}=\frac{130}{420}=0.31\,(=31\,\%)$$

間げき比は式 (1.1) より，間げきの体積を土粒子の体積で割って

$$e=\frac{V_v}{V_s}=\frac{V-V_s}{V_s}=\frac{V-\dfrac{m_s}{\rho_s}}{\dfrac{m_s}{\rho_s}}=\frac{300-\dfrac{420}{2.65}}{\dfrac{420}{2.65}}=0.89$$

飽和度は式 (1.3) より，水の体積を間げきの体積で割って

$$S_r=\frac{V_w}{V_v}=\frac{m_w}{e\cdot V_s}=\frac{130}{0.89\times\dfrac{420}{2.65}}=0.92\,(=92\,\%)$$

1.2.2 土の密度

水と空気を含んだ，いわゆる湿潤状態の土の密度 (soil density) ρ_t は質量 m を体積 V で割って

$$\rho_t=\frac{m}{V} \tag{1.10}$$

と表される．この式は前述の基本量を使って次のように表すことができる．

$$\rho_t = \frac{\rho_s + S_r e \rho_w}{1+e} \tag{1.11}$$

また，土が飽和していれば，飽和度 $S_r=1$ であるので，飽和密度 (saturated density) ρ_{sat} は

$$\rho_{sat} = \frac{\rho_s + e\rho_w}{1+e} \tag{1.12}$$

さらに土が乾燥している場合には，$S_r=0$ であり，乾燥密度 (dry density) ρ_d は次式となる．

$$\rho_d = \frac{\rho_s}{1+e} \tag{1.13}$$

この乾燥密度は乾燥した土に対して使うだけでなく，湿潤状態にある土に対して用いる場合がある．湿潤状態の土の土粒子の骨格構造を変えない状態で（すなわち間げきの体積は変えないで），水だけを除いた密度を表している．これは乾燥土の場合，その密度が土粒子の詰まり具合を表す指標になるからである．

土の密度に対して，単位体積重量 (unit weight) γ_t, γ_{sat}, γ_d はそれぞれ湿潤状態，飽和状態，および乾燥状態における単位体積あたりの重量を示す．ここで，重量は質量に重力加速度を掛けたもので，力を体積で割った次元をもつ．従来の重力単位では密度と同じ値を示すので混同して使われていたが，SI 単位を使用するようになって，力と質量を明確に区別する必要があることから，密度と単位体積重量を区別して使っている．密度だけでも用は足りるが，応力を表すときに単位体積重量は便利な量であるので，本書では ρ と γ の両者を使っている．

砂のような粒状体 (granular material) では，土粒子の形状や粒径の配合などによって密度や間げき比は変化する．通常，間げき比は土粒子が角ばっていると大きくなり，また等径の粒子よりもいろいろな大きさの粒径からなる土の方が小さい．そこで，どのような土でもその詰まり具合の程度を示す指標として，次のような相対密度 (relative density) を定義しておくと便利である．

$$D_r = \frac{e_{\max} - e}{e_{\max} - e_{\min}} = \frac{\rho_{d\max}(\rho_d - \rho_{d\min})}{\rho_d(\rho_{d\max} - \rho_{d\min})} \tag{1.14}$$

ここで $e_{\max}$, $e_{\min}$ は，最大間げき比 (maximum void ratio)，最小間げき比 (minimum void ratio) であり，それぞれ，その砂に関してもっとも緩く，あるいはもっとも密に詰めた状態の間げき比である．相対密度は通常 % で表し，もっとも緩い状態が 0 %，もっとも密な状態が 100 % となる．

1.2 土の組成と工学的分類　15

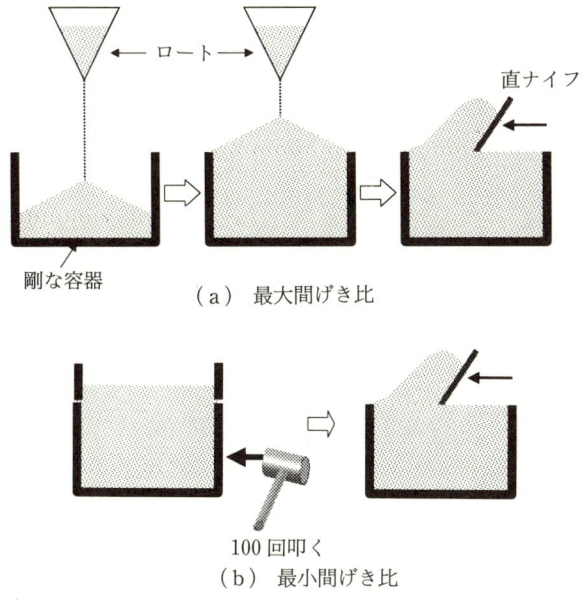

(a) 最大間げき比

(b) 最小間げき比

図1.11　最大・最小間げき比の求め方

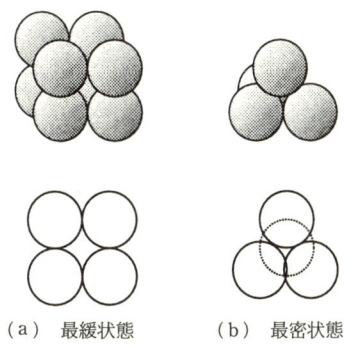

(a) 最緩状態　　(b) 最密状態
図1.12　等球の規則的配列

　e_{max}，e_{min} の求め方は可能な限り緩く，または密な状態をつくり出すことが望ましいのであるが，個人差がなく，比較的容易な方法として次のような基準化がされている．最大間げき比は剛な容器にある高さからロートを使って砂を詰める(**図1.11(a)**)．余盛りされた砂はストレートエッジにより一気に取り除く．最小間げき比は，同じ容器に砂を詰め，容器を横からハンマーで叩く．砂

を10層に分けて入れ，各層に対してハンマーで100回叩く（図1.11(b)）．間げき比と密度の間には 式(1.13)の関係があるので，容易に最大・最小間げき比を求めることができる．

等しい大きさの球を規則的にもっとも緩く並べると，図1.12(a)のようになり，理論的な最大間げき比は0.91である．またもっとも密な状態を図1.12(b)のように考えると，最小間げき比は0.35となる．比較的均等で丸い粒径の豊浦標準砂の最大・最小間げき比は0.98，0.60であり，実際の土の最大・最小間げき比は等球の理論値より少し大きい．

例題 1.2

密度 $\rho=1.70\,\mathrm{g/cm^3}$，土粒子密度 $\rho_s=2.65\,\mathrm{g/cm^3}$ の乾燥砂が体積を変えずに水分を吸収し，飽和度が75％に増加した．水分を吸収した後の土の密度と含水比を求めよ．

【解答】体積は変化しないので，水分を吸収する前後とも，間げき比は式(1.13)より

$$e=\frac{\rho_s}{\rho_d}-1=\frac{2.65}{1.70}-1=0.56$$

したがって，水分を吸収した後の土の密度は式(1.11)より，

$$\rho_t=\frac{\rho_s+S_r e \rho_w}{1+e}=\frac{2.65+0.75\times0.56\times1}{1+0.56}=1.97\,(\mathrm{g/cm^3})$$

また，含水比は式(1.8)より，

$$w=\frac{S_r e \rho_w}{\rho_s}=\frac{0.75\times0.56\times1}{2.65}=0.158\,(=15.8\%)$$

1.2.3 粒径による分類

2章以降で述べるように，土の土質工学的性質（透水性，圧縮性，強度など）は土粒子の大きさによるところが多い．そこで，土をその土粒子の大きさで分類する方法が一般的である．地盤中から採ってきた土はいろいろな粒径の土粒子が含まれているので，どのくらいの粒径の粒子がどのくらいの割合で含まれているかを調べる必要がある．これを粒度分析という．粒度分析にはふるいを使ったふるい分析と，土粒子の水中沈降速度から粒径を求める沈降分析（sedimentation analysis）とがある．

1.2 土の組成と工学的分類

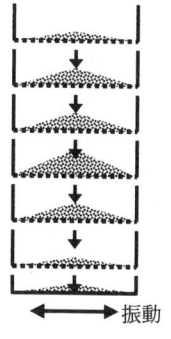

表1.2 粒度分析に使うふるい目の大きさ (mm)

75	19	0.85	0.075
53	9.5	0.425	
37.5	4.75	0.25	
26.5	2	0.106	

図1.13 ふるい分析法

(1) ふるい分析

ふるい分析 (sieve analysis) は通常, ふるいの目の大きさが 75 mm から 0.075 mm までのふるいを上から下にふるい目が小さくなる順に並べ, 一番上に土を入れて振動を加える. そしておのおののふるいに残った土の質量を測定する (**図1.13**). ふるい目の大きさは**表1.2**に示す大きさである (JIS Z 8801 により規定). たとえば 0.075 mm のふるいは #200 と呼ばれており, その数 (200) は 1 インチ (2.54 cm) の中に含まれるふるい目の数を意味している.

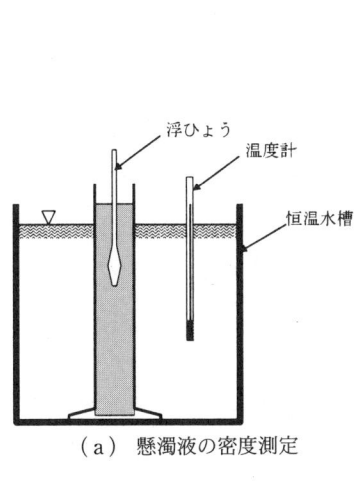
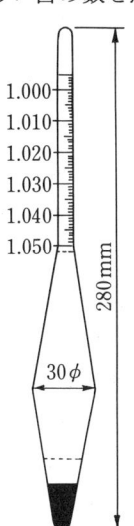

(a) 懸濁液の密度測定   (b) 浮ひょう

図1.14 沈降分析法

(2) 沈降分析

2.00 mm のふるいを通過した土は沈降分析によって，さらに細かく分析される．まず土を水に入れ，よくかくはんして，懸濁（けんだく）液をつくる．これをメスシリンダーに入れて，土粒子を沈降させる．あらかじめ浮ひょう（一種の浮きで，流体の密度を測定できる）を懸濁液中に沈めておき，ある時間経過したところで，深さ L の位置にある浮ひょうで懸濁液の密度を測定することにより，粒径の分布を求める（図1.14）.

この方法は土粒子の沈降速度はその大きさによって異なる性質を利用したものである．密度 ρ_w，粘性係数 η の流体中を定速度 v で運動する直径 d の球が受ける力 f は，ストークスの法則（Stoke's law）により，

$$f = 3\pi \eta d v \tag{1.15}$$

となる．土粒子はこの速度に依存した抵抗を受けるので，最終的には一定速度で水中を沈降するようになり，そのとき次の力の釣合い式がなりたつ．

$$3\pi \eta d v = \frac{4}{3}\pi \left(\frac{d}{2}\right)^3 (\rho_s - \rho_w) g \tag{1.16}$$

ここで，g は重力の加速度である．したがって，直径 d の球の速度 v は

$$v = \frac{(\rho_s - \rho_w) g}{18 \eta} d^2 \tag{1.17}$$

である．いま土粒子を球と仮定すると，沈降開始時より t 時刻後には，懸濁液水面から L の深さまでには，粒径 d が

$$d = \sqrt{\frac{18 \eta}{(\rho_s - \rho_w) g} \frac{L}{t}} \tag{1.18}$$

以上の土粒子は存在しないことになる．また，深さ L において，単位体積あたりに含まれる粒径が d 以下の土粒子の量は変わらないはずである（水面にあった粒径 d 以下の土粒子はまだ L の深さまで達していないので）．そこで，その深さの懸濁液の密度を測定すれば，その中に含まれる土粒子の質量がわかる．以上が沈降分析の原理である．

(3) 粒度分布 (grain size distribution)

粒度分析によって得られた結果は通常，ある粒径より小さい土粒子の割合を縦軸に重量百分率で，粒径を横軸に対数で表した座標を用いて整理する．図1.15 にその例を示す．この曲線を粒径加積曲線 (grain size accumulation curve）と呼ぶ．分布する粒径を代表する粒径として，通過百分率が50％の粒径を有効径（effective grain size）（D_{50}）と呼んでいる．また，通過百分率が60％と10％に対応する粒径D_{60}とD_{10}との比を均等係数（$U_c=D_{60}/D_{10}$）という．

　ある土が非常に狭い範囲の粒径の土粒子から構成されている場合は，粒径加積曲線はその粒径の部分で急な勾配をなし，均等係数は小さい．また反対に，広い範囲の粒径を含む土は，粒径加積曲線はなだらかな勾配となり，均等係数

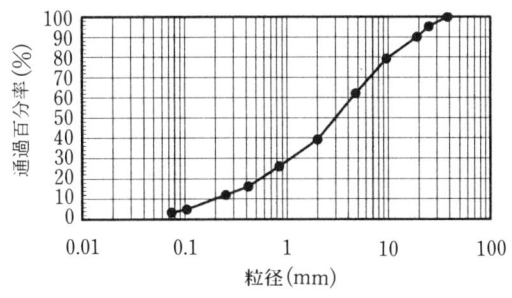

図1.15 粒径加積曲線

土質名称	細粒土			粗粒土				
	コロイド	粘土	シルト	砂		礫		
				細砂	粗砂	細礫	中礫	粗礫
粒径(mm)	0.001	0.005		0.075	0.42	2	5	20	75

図1.16 粒径による土の分類

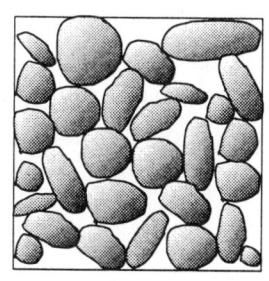 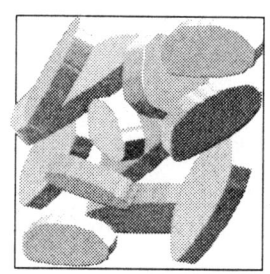

　　　　（a）粗粒土　　　　　　　　（b）粘土
図1.17 土粒子の骨格構造

(coefficient of uniformity) は大きい．均等係数の大きい土（一般に $U_c>4$）は粒度配合が良いといい，均等係数の小さい土（$U_c<4$）は粒度配合が悪いという．

（4） 粒径による分類

粒径によってを土を分類すれば，大きい方から，礫(gravel)・砂(sand)（粗砂(coarse sand)・細砂(fine sand)）・シルト(silt)・粘土(clay)・コロイド(colloid)となる．それぞれの土の境界における粒径は**図1.16**中の値である．通常，砂および礫を粗粒土と，シルト・粘土などを細粒土と呼んでいる．また粒径の小さい土は土粒子間の結合力が強く，粘性があるので粘性土，砂や礫のような粘性のない土は非粘性土または粗粒土と呼ばれる．2つ以上の種類を含む場合は，主たる成分の名称を後ろにもってきて，たとえば粘土質シルトやシルト質細砂などと呼ぶ．

礫，砂，シルトは主として物理的風化によりその粒径が小さくなったものである．したがって，その土粒子を構成する鉱物は石英や長石などの化学的風化を受けにくい鉱物であって，基本的には土質によって変わらない．これらは縦，横，高さの大きさがほぼ等しい土粒子の集まりで，その骨格構造は単粒構造と呼ばれる（**図1.17(a)**）．

一方，粘土は土粒子を構成する鉱物が化学的に分解され，コロイドになったものがふたたび結晶したものである．その結晶の形は薄い板状をしており，重量に比べて表面積が大きい．粘土鉱物はその分子構造上負の電荷を帯びており，水分子中の$H+$イオンと強く結合して，土粒子表面に水の膜をつくる．この層は吸着水層(absorbed water)と呼ばれ，土粒子の間げきにあって自由に移動できる水（自由水(free water)という）とは区別される．吸着水層によって粘土粒子どうしはすべりやすく，いわゆる粘土の粘着性の原因となっている．

代表的な粘土鉱物(clay mineral)としてはカオリナイト(kaolinite)，イライト(illite)，モンモリロナイト(montmorillonite)などがある．これらの粒子の大きさは0.1～数ミクロン，厚さはその数分の一から百分の一程度で，それらが集まり，カードハウスのような構造をなしている（**図1.17(b)**）．

例題1.3

ある土をふるい分析したところ，それぞれのふるいの上に残留した土の質量は次のとおりであった．粒径加積曲線を描き，均等係数を求めよ．

ふるい (mm)	37.5	26.5	19.0	9.5	4.75	2.00	0.85	0.425	0.25	0.106	0.075	通過
土の質量 (g)	0	14.35	15.54	33.18	51.74	69.25	39.81	30.46	12.08	21.68	5.13	9.87

【解答】 各ふるいを通過した土の重量およびその百分率は各ふるいに残留した質量を右より順次加えると，次のようになる．

ふるい (mm)	37.5	26.5	19.0	9.5	4.75	2.00	0.85	0.425	0.25	0.106	0.075	通過
残留質量 (g)	0	14.35	15.54	33.18	51.74	69.25	39.81	30.46	12.08	21.68	5.13	9.87
通過質量 (g)	303.04	288.69	273.15	239.97	188.23	118.98	79.17	48.71	36.63	15.00	9.87	
通過百分率	100	95.3	90.1	79.2	62.1	39.3	26.1	16.1	12.1	4.9	3.3	

通過百分率と粒径の関係を片対数グラフにプロットすると以下のようになる．

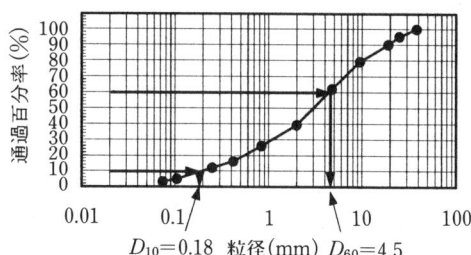

これより，有効径，均等係数は

$$D_{10}=0.18\,\text{mm}, \quad D_{60}=4.5\,\text{mm}, \quad U_c=\frac{D_{60}}{D_{10}}=\frac{4.5}{0.18}=25$$

1.2.4 土のコンシステンシー

コンシステンシー (consistency) とは「かたさ」という意味で，とくに細粒子と液体との混合物のかたさ (または流動性) をいう．ここでは，含水比の変化にともなって粘土の可塑性が変る性質を指している．砂の場合には相対密度により，その力学的性質に一つの指標を与えることができる．しかし，粘性土の場合には，最大・最小密度のようなものは明確な意味をもたないし，またそれを求めることも不可能である．そこで以下のような含水比によって，その指標を与えようとするものである．

土の状態	限界含水比
液状（ドロドロ）	→液状限界，w_L
可塑状（ネバネバ）	→塑性限界，w_p
半固体状（ポソポソ）	

図1.18 限界含水比とコンシステンシー

（1）限界含水比(critical water content)

含水比が十分大きいと，粘土はドロドロの液体状であるが，含水比が減るに従って可塑状（ネバネバした状態）になる．さらに含水比が減少すると，半固体状（ポソポソとして成型が不可能）を経由して固体状（カチカチ）となる．粘土が液体状から可塑状に変化するときの含水比を液性限界(liquid limit，記号でw_L または LL と書く)と呼び，可塑状から半固体状に変るときの含水比を塑性限界(plastic limit，記号w_p または PL)と呼んでいる．含水比が減少すると，土の体積も一般に減少するが，土が固体状になると，それ以上含水比を減らしても体積は変化しなくなる．そこで，土が半固体状から固体状に変わるときの含水比のことを収縮限界(shrinkage limit，記号 w_s または SL)と呼んでいる．

以上，三つの状態を示す含水比を総称して限界含水比という．アッターベルグ(Atterberg)はこれらの限界含水比を求める簡単な試験法（後述）を提案したので，限界含水比のことをアッターベルグ限界，その試験をアッターベルグ試験と呼んでいる．限界含水比とコンシステンシーの関係を**図1.18**にまとめた．

（2）塑性指数と液性指数

液性限界と塑性限界の差のことを塑性指数(plastic index，記号 I_p または PI)と呼ぶ．すなわち，

$$I_p = w_L - w_p \tag{1.19}$$

塑性指数は土が可塑状を呈する含水比の範囲を示すもので，一般に土粒子の体積に比べてその表面積が大きい粘性土の場合に大きな値を示す．塑性指数の大きな土を高塑性という．

自然含水比（地盤中に実際に存在する状態における含水比，記号 w_n）が上で

述べた限界含水比に対してどのような位置にあるかを示す指標として，次式で定義される液性指数 (liquidity index，記号 I_L) がある．

$$I_L = \frac{w_n - w_p}{w_L - w_p} \tag{1.20}$$

液性指数は砂における相対密度と似た意味をもつ量であり，式の上でも液性限界・塑性限界は砂の最大密度・最小密度に対応している．もちろん，ともに百分率で表現するけれども，直接比較できる量ではない．

(3) アッターベルグ試験 (Atterberg test)

限界含水比を定義した土のかたさの表現はややあいまいである．すなわち，液体状から可塑状への境界の状態をもっと定量的に表現する必要がある．そこで，現在 JIS で決められている液性限界と塑性限界の求め方を以下に述べる．

(a) 液性限界　土に適当な水を加えてペースト状にし，金属製の皿に練り付ける．これを専用の溝切りへらで，溝を切る．この皿を 1 cm の高さからゴム製の台に何回も落下させると，溝切りによってできた両側の壁が変形し，底部で土がくっつくようになる (**図 1.19**)．このくっついた幅が 15 mm になったときの落下回数 N を記録する．含水比を変えてこの試験を何回か行い，落下回数と含水比を**図 1.20** 中にプロットする．横軸を落下回数の対数で表すと，得られたデータはほぼ一直線になる．そこで，落下回数 25 回に相当する含水比をもって液性限界と定義する．

(b) 塑性限界　よく練り返した土を擦りガラスの上で，手のひらで転がしながら直径 3 mm の土のひもをつくる．これを何度か繰り返しているうちに，土中の水分が次第に失われて含水比が減少すると，ひもはきれぎれになってしまう (**図 1.21**)．ちょうど 3 mm の直径になったときに，ひもが切れたときの含水比を塑性限界と定義する．

24　第1章　地盤を構成する土

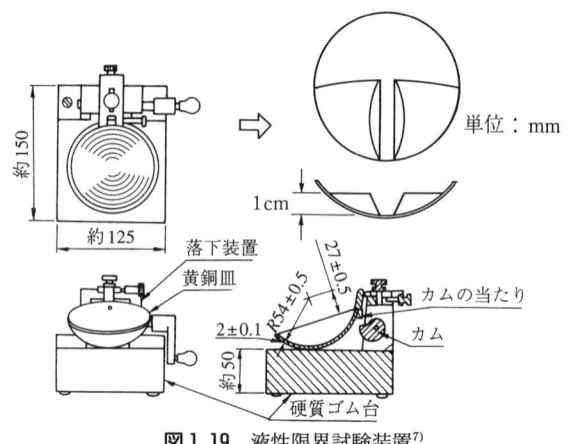

図1.19　液性限界試験装置[7]

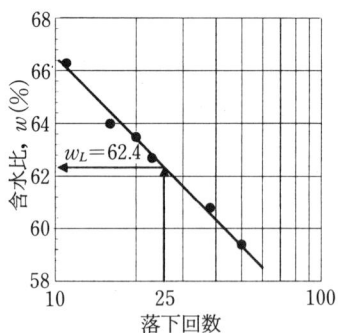

図1.20　液性限界の求め方

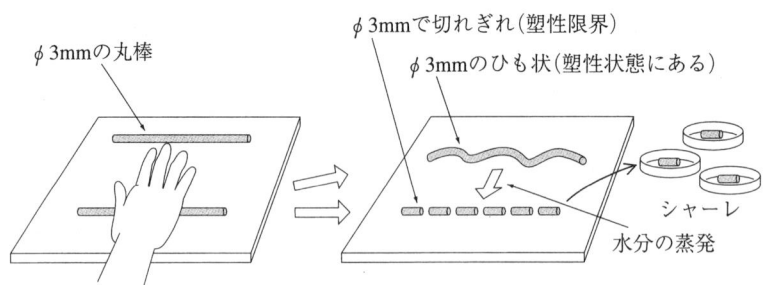

図1.21　塑性限界試験法[7]

例題1.4

ある粘土について，次のような液性限界試験結果が得られている．また，この粘土の塑性限界は $w_P=30\%$，土粒子密度は $\rho_s=2.72\,\mathrm{g/cm^3}$ である．以下のものを求めよ．飽和度は 100% とする．

落下回数	9	15	22	30	35
含水比(%)	85.1	80.2	76.5	73.9	72.6

a．液性限界 w_L
b．塑性指数 I_p
c．液性限界および塑性限界のときの間げき比

【解答】 落下回数と含水比の関係は以下のようになる．

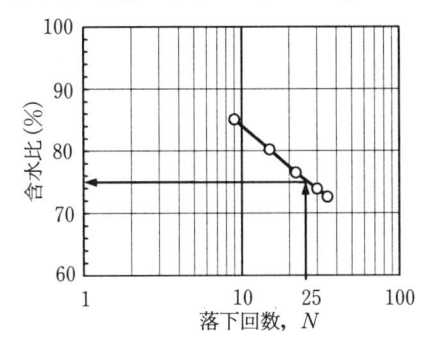

これより，

a．液性限界は $N=25$ に対応する含水比として
$$w_L=75\%$$

b．塑性指数は式 (1.19) より，
$$I_p=w_L-w_P=75-30=40\%$$

c．液性限界時の間げき比は式 (1.8) より，
$$e=\frac{w\rho_s}{S_r\rho_w}=\frac{0.42\times 2.72}{1.0\times 1.0}=2.04$$

塑性限界時の間げき比も同様に，
$$e=\frac{w\rho_s}{S_r\rho_w}=\frac{0.40\times 2.72}{1.0\times 1.0}=1.09$$

練習問題1

1. 含水比 32.0％ の土が飽和度 25％ および 90％ のときの間げき比を求めよ．なお，土粒子の密度は 2.65 g/cm³ とする．

2. 含水比 30％，重量 600 g の砂試料 A に，同重量の粘土試料 B を加えたところ含水比は 56％ になった．粘土試料 B の含水比を求めよ．

3. 質量 800 g，体積 550 cm³ の土の塊がある．これを乾燥炉に一昼夜入れたところ，質量が 650 g に減少した．乾燥前の間げき比，含水比および飽和度を求めよ．土粒子の密度は 2.65 g/cm³ であることがわかっている．

第2章

地盤調査

　建築構造物は鉄やコンクリートといった人工の材料からつくられるが，その構造物を支えている地盤を構成する土は天然に存在する物質である．ほとんどの場合，建物を建てようとする場所に存在する土を使って，その上に構造物をつくらなければならない．地盤はその場所により千差万別であり，同じ地盤は二つとないことに加えて，その土の性質はあらかじめわかっていない．そこで，建物をつくる前に，その地盤がどのような土からできているか，その土の性質はどうか，といったことを必ず調べなければならない．

　地盤調査の目的は，対象とする地盤を調べ，その地盤にあった基礎構造を設計するのに必要な地盤情報を入手することである．そのためには，やみくもに調査すればよいのではなく，まず地盤の全体像をつかみ，想定する基礎構造に必要な情報を調べるために，徐々に細部の調査をすることが望ましい．ここでは基本的に事前調査と本調査に分けて実施する場合の調査方法について述べる．

2.1 地盤調査の種類

2.1.1 事前調査

事前調査 (preliminary investigation) とは，敷地とその周辺の地盤のおおよその状況を知り，基礎の形式を想定して，必要な地盤調査の内容を決定するために行う調査である．調査の方法は，大きく分けると，資料調査と現地調査に分けられる．

資料調査には，地形・地質・地盤に関する既往の調査資料，地誌・災害の記録などの資料，さらに近隣建物の設計・施工に関する資料などが役に立つ．現地調査は，実際に現地を歩いて敷地の状況や地形を観察する現地踏査と，敷地内で簡単な調査機器を用いて行う先行調査とがある．現地を一度もみることなく，設計することは避けなければならない．

2.1.2 本調査

本調査 (main investigation) では，以下で述べる方法を用いて，敷地内の地盤構成や地下水の状態を調べる．さらに，原位置試験や採取した土試料に対して室内試験を行うことにより，基礎の支持力や沈下を計算するための地盤定数などを求める．地盤調査を行う範囲，すなわちボーリングの本数やその深さは地盤の様子や建物規模・基礎形式によって異なる．丘陵地や埋没谷など地層の変化が予想される場合は調査地点を密に選ぶ必要がある．通常の建物では建物の四隅を選べばよいが，不同沈下を起こしやすい地盤や基礎の場合は調査位置を慎重に選定する．

調査深さについては，次章以降に述べる結果から判断するが，おおよそ直接基礎では基礎幅の2倍程度，杭基礎では杭先端より下方に数メートルまで調査すれば十分であることが多い．一般に建築面積が大きくなるに従い，調査個所を増やす．その目安として建築面積 $300 \sim 500 \mathrm{m}^2$ に1ヵ所程度の数を行う[8]．

2.2 ボーリング

ボーリング (boring) は機械器具を用いて地盤を掘削し，孔をあけることをいう．ボーリングは石油掘削や井戸掘削を目的とすることもあるが，ここでは建設工事のための調査に使われる場合を対象とする．その目的は土の試料を採

取すること，削孔された孔で各種の試験を行うことである．採取された土の試料に対して実験室内で土質試験が行われる．

ボーリング方法にはロータリーボーリング，オーガーボーリング，パーカッションボーリングなどがあるが，ここでは建設工事のための地盤調査として通常の地盤でよく使われるロータリーボーリング (rotary drilling) を紹介する．

図2.1 に示すように，原動機の回転をボーリング・ロッド（外径 40.5 mm または 42 mm）に伝え，その先端のコアバレルに取り付けられたドリリング・ビットにより，地盤を掘削する．掘削屑は，ロッドの内部を通りビット先端より送り出される水により，ロッドと掘削孔の隙間を通って地上に運ばれ，泥水だめ（溜）に沈殿する．掘削屑を沈殿させた水は送水ポンプによってふたたびボーリング・ロッド内部を経由して先端のビットに圧送される．水の循環をさせる送水ポンプも先の原動機で作動する．掘削のための水は掘削屑の運搬を容易にするために粘性の大きなベントナイト泥水が使われることが多い．掘削時

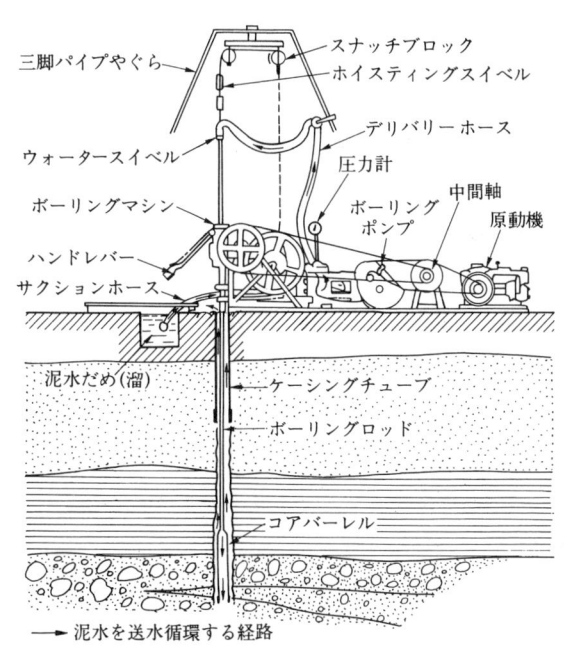

図2.1 ロータリーボーリングの概要[6]

のロッドの上下をハンドレバーで行うタイプをハンド・フィード型と呼び，通常の地盤のボーリングに使われる．岩盤に対しては油圧を使って削孔する機械もある（ハイドロリック・フィード型）．

わが国で使われるボーリングの削孔径は 66mm，86mm，116mm などが標準であり，目的に応じて選択する．長さ 3m（標準）のロッドを継ぎ足すことにより所定の深さまで掘削するが，この方法では深度 100m 程度まで掘削可能である．

2.3 サンプリング

サンプリング (sampling) とは，建築物の設計や施工に必要な地盤情報を得る目的で，地盤中にある土を地上まで取り出すことをいう．取り出された土の試料に対して，物理的性質や力学的性質を調べるための室内試験が行われる．

土を地上に取り出すときに，地中にあった状態（土の骨格）をそのまま壊さないで取り出されたものを乱さない試料と呼び，主として強度や変形係数などの力学定数を求める試験に使われる．

一方，乱した試料は含水比，コンシステンシー，粒度試験などの物理試験に使われる．乱さない試料は多くの有益な情報をもたらすので重要であるが，乱さない試料を採取するには適切なサンプラーの選定とその取り扱いには細心の注意が必要である．以下，代表的なサンプリング方法について記述する．

2.3.1 固定ピストン式シンウォールサンプリング

図 2.2 に固定ピストン式シンウォールサンプラー (stationary piston thinwalled sampler) の例を示す．この装置をボーリング・ロッド先端に取り付けて孔底に下ろし，内管の先端に取り付けられたピストンを地盤面に固定した状態で，外管に取り付けられたサンプリング・チューブを地盤に押し込むことにより，サンプリング・チューブ内に試料が取り込まれる．内管と外管を固定した状態で，装置全体を地上に引き上げる．ピストンとサンプラーの機密性がよければ，採取された試料は脱落しない．サンプラーを地中に押し込むときの地盤の乱れを少なくするためにサンプラーの肉厚は 2mm 以下としている．このサンプラーで採取できる土は軟らかい粘性土に限られ，硬い粘性土や砂には適さない．

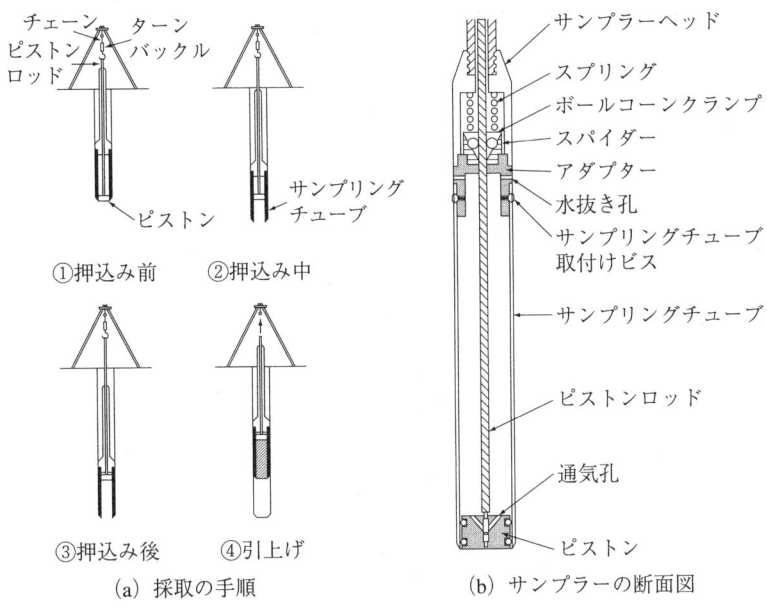

2.3 サンプリング　31

(a) 採取の手順

① 押込み前　② 押込み中
③ 押込み後　④ 引上げ

チェーン
ピストンロッド
ターンバックル
ピストン
サンプリングチューブ

(b) サンプラーの断面図

サンプラーヘッド
スプリング
ボールコーンクランプ
スパイダー
アダプター
水抜き孔
サンプリングチューブ取付けビス
サンプリングチューブ
ピストンロッド
通気孔
ピストン

図2.2 固定ピストン式シンウォールサンプラー[7]

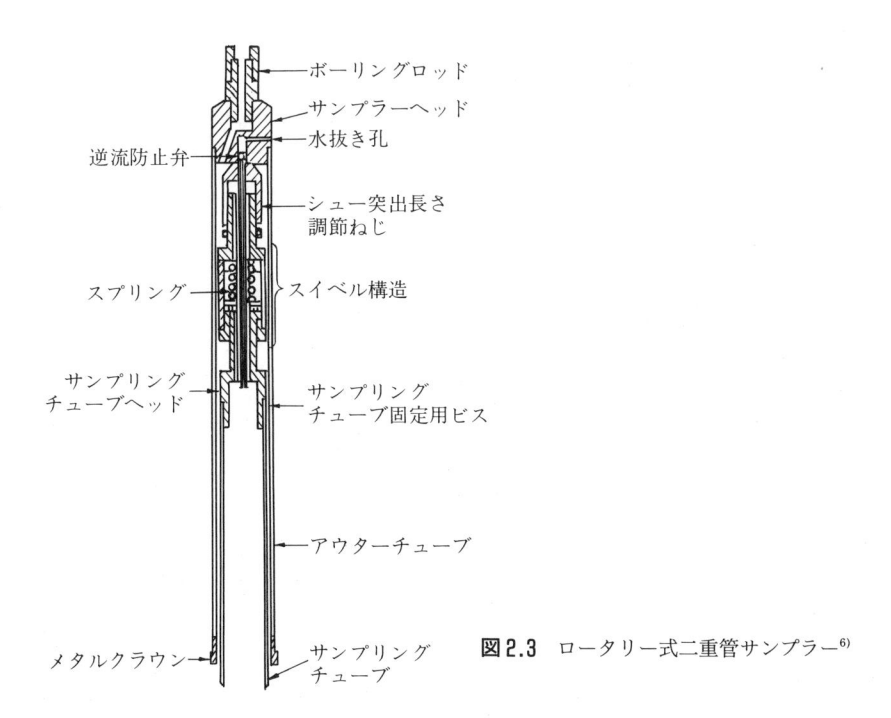

ボーリングロッド
サンプラーヘッド
水抜き孔
逆流防止弁
シュー突出長さ調節ねじ
スプリング
スイベル構造
サンプリングチューブヘッド
サンプリングチューブ固定用ビス
アウターチューブ
メタルクラウン
サンプリングチューブ

図2.3 ロータリー式二重管サンプラー[6]

2.3.2 ロータリー式二重管サンプリング

図2.3にロータリー式二重管サンプラー(rotary double core sampler)の例を示す．このサンプラーは中位から硬い粘性土に対して適用される．ボーリング・ロッドの先端にサンプラーを取り付け，掘削底まで下ろす．サンプラーの先端はアウター・チューブとサンプリング・チューブの二重管構造になっている．アウター・チューブが上部のボーリング・ロッドに連結されており，ロッドの回転により先端外側に取り付けられた掘削刃が地盤を掘削する．内部のサンプリング・チューブはアウター・チューブとは独立しており，回転をしない構造となっている．

すなわち，アウター・チューブの回転力を採取試料に伝えない方法で，サンプリング・チューブを地盤中に押し込むことができる．所定の長さまで押し込んだ後，サンプラー全体を引き上げて終了する．

2.3.3 原位置凍結サンプリング

以上述べた方法は粘性土には適用可能であるが，砂質土の採取は困難であった．砂質土は土粒子間の結合力がないので，サンプリング・チューブ内の試料が抜け落ちて，地上まで引き上げることができないからである．また，土粒子間の水が抜け出すことにより密度変化を引き起こす．

凍結サンプリング(freezing sampling)は地盤中の水を凍結させることにより，サンプリングによる試料の乱れを最小限にする方法である．コアリングによる凍結サンプリングの例を図2.4に示す．まず，ガイド管で所定の深さまで

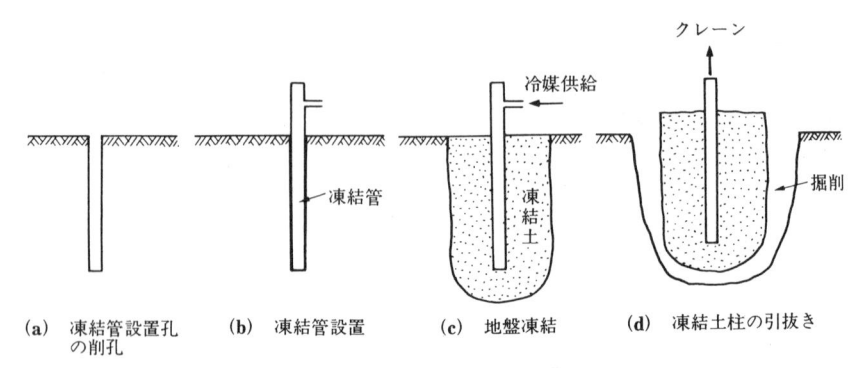

(a) 凍結管設置孔の削孔　(b) 凍結管設置　(c) 地盤凍結　(d) 凍結土柱の引抜き

図2.4　凍結サンプリング[6]

ボーリングし，それより深い位置に凍結管（二重管）を挿入する．液体窒素などの冷媒を循環させて凍結管周囲の地盤を凍結させる．地盤が凍結したら，ボーリングマシンを使って凍結管より大きな口径のコアリングを行って，試料を地上に引き上げる．

この方法における注意事項としては，試料採取中および採取後も試料が融解しないように注意する必要があることはいうまでもない．また，凍結によって水は膨張するので，地盤中に細粒分が多く含まれる場合は，凍結膨張による試料の乱れが生じる場合がある．地盤内の水を追い出しながら凍結させることが極めて重要である．細粒分の少ない砂質土では，土粒子の骨格構造の変化は少ないことが確認されている．

2.4 サウンディング

英語の"sound"という言葉には，水上から水深を測るという意味があり，ここでは地上から地中の様子を探ることを意味している．『土質工学用語辞典』（地盤工学会）によれば，サウンディング (sounding) とは「抵抗体をロッドな

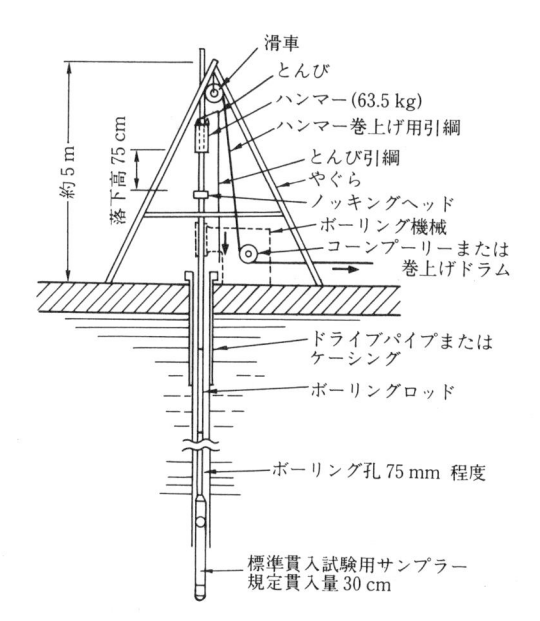

図2.5 標準貫入試験の概要[6]

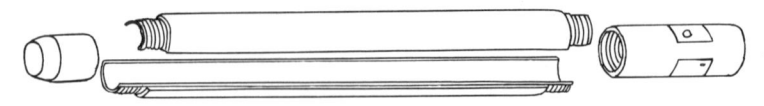

図 2.6 標準貫入試験用サンプラー

どで地中に挿入し，貫入，回転，引抜きなどの抵抗から土層の性状を調査する方法」とある．古くから，いろいろな方法が使われてきたが，現在わが国でよく使われている標準貫入試験，静的コーン貫入試験，スウェーデン式貫入試験について説明する．

2.4.1 標準貫入試験

標準貫入試験 (standard penetration test) は図 2.5 に示すように，ボーリングの際にロッド先端に専用のサンプラーを取り付け，ハンマーの落下エネルギーにより 30 cm 貫入させたときの落下回数（N 値と呼ぶ）を測定し，地盤の硬軟の程度を表したものである．標準貫入試験用サンプラーは図 2.6 に示すもので，外径 51 mm，肉厚 8 mm の鋼製のパイプで，内部の試料を観察できるように二つ割りにできる構造になっている．ハンマーは質量が 63.5 kg (140 ポンド) の鋼製のものを高さ 75 cm (30 インチ) から自由落下させる．ロッドの途中にあるノッキングヘッドでハンマーの落下を受け，エネルギーをロッド先端のサンプラーに伝える．わが国の JIS では，50 回の打撃に対して 30 cm 貫入しない場合は，50 回時の貫入量を記録することになっている．

テルツァギ (Terzaghi) とペック (Peck) はその著書[9]で，N 値と砂の相対密度，内部摩擦角の関係を表 2.1 のようにまとめている．さらに砂地盤の支持力，粘土のコンシステンシーなどとの関係が発表されて以来，標準貫入試験はわ

表 2.1 N 値と砂の相対密度，内部摩擦角の関係[9]

N 値	相対密度		内部摩擦角 (度)
0～4	非常にゆるい (very loose)	0.0～0.2	28.5 以下
4～10	ゆるい (loose)	0.2～0.4	28.5～30
10～30	中位の (medium)	0.4～0.6	30～36
30～50	密な (dense)	0.6～0.8	36～41
50 以上	非常に密な (very dense)	0.8～1.0	41 以上

が国における地盤調査のボーリングの際には必ず実行されるほどに普及してきた．

その結果，ほとんどの地盤定数を N 値から求める実験式が提案されてきており，N 値さえ求めればすべての地盤・基礎の設計が可能といえるほどの行き過ぎがみられる．しかし，標準貫入試験は本来動的な現象であり，大まかな指標を示すものであることを十分理解する必要がある．軟弱な粘性土に対する力学定数などについては，別な試験法によるべきである．

2.4.2 オランダ式二重管コーン貫入試験

静的コーン貫入試験は先端の尖ったコーンを連続的に地中に押し込み，そのときの抵抗を測定することにより，土の硬軟，締まり具合を推定する試験である．オランダ式二重管コーン貫入試験（Dutch cone penetration test）は図 2.7 のような形状をしたマントル・コーンを二重管の先端に取り付け，外管と内管を交互に押し込んでいく．貫入速度は 1 cm/s とし，測定間隔は 25 cm とする．内管を押し，マントル・コーンを 5 cm 押し込むときの圧入力 Q_{rd} を読み取る．コーン貫入抵抗 q_c は装置の重量を加算した値 Q_c をコーン底面積 A で割ったものである．通常マントル・コーンは先端角 60°および底面積 $A = 10\,\mathrm{cm}^2$ の

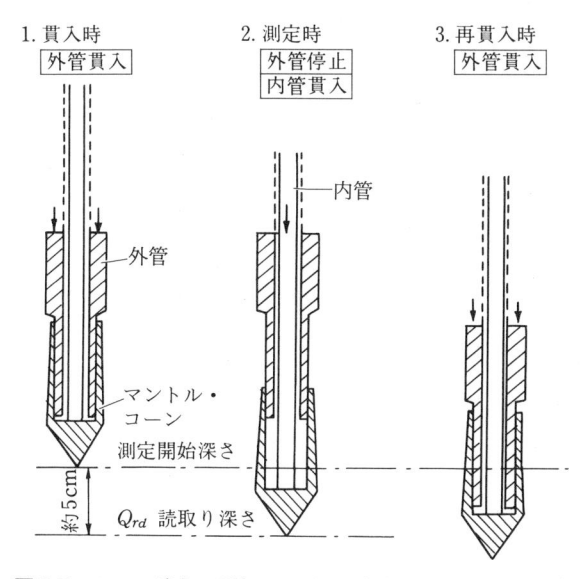

図 2.7 オランダ式二重管コーン貫入試験マントル・コーン[6]

ものを用いる．二重管は外管の外壁と土との間の摩擦を分離するためである．

静的コーン貫入試験は貫入の機構が杭の施工や鉛直支持の状態と似ているので，杭の施工性や支持力の算定に使われるほか，土の基本的力学特性を求めるためにも利用される．近年，電気式のコーン貫入試験を用いて，先端抵抗，周面摩擦力，間隙水圧なども測定できる装置も開発されている．

2.4.3 スウェーデン式貫入試験

スウェーデン式貫入試験(Swedish sounding method)は**図2.8**に示すような磨耗しにくい特殊鋼でできたスクリューポイントをロッドの先端に付け，おもりによる貫入と，ハンドルによる回転貫入を併用した試験で，その貫入抵抗により，土の硬軟や締まり具合を判定する．試験方法は，まず，スクリューポイントを取り付けたロッドを地盤に鉛直に立て，おもりを5kgから順次100kgまで載せて，沈下量を測定する．ロッドの貫入が止まったら，ハンドルを回転させ，25cm貫入させるのに要する半回転数を測定する．長さ1mのロッドは必要に応じて継ぎ足すことができ，深さ10m程度までの軟弱層の探査ができる．この試験は，スウェーデンで開発され，戦後わが国でも使用され始めた．装置および操作が簡単であることから，最近では小規模建物に対する地盤調査として普及してきた．

おもりだけで貫入が進む場合は，荷重の大きさ W_{sw} によって抵抗値を表す．回転を加える場合は，半回転数 N_a とそのときの貫入量 $L(\mathrm{cm})$ とから，貫入量1mあたりの半回転数 N_{sw} を次式より求める．

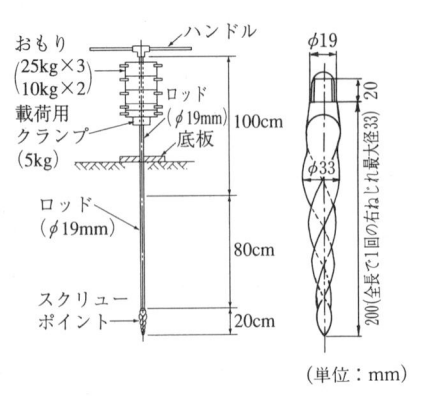

図2.8 スウェーデン式貫入試験[7]

$$N_{sw} = \frac{100}{L} N_a \tag{2.1}$$

スウェーデン式サウンディング試験結果 N_{sw} と標準貫入試験 N 値との関係には，次の提案がある[6]．

礫・砂質土：$N = 0.002 W_{sw} + 0.067 N_{sw}$ (2.2)

粘　性　土：$N = 0.003 W_{sw} + 0.050 N_{sw}$ (2.3)

ここで，W_{sw}：おもり重量(N)

しかし，これらの関係は非常に大きなばらつきのある平均的な関係式であることを認識する必要がある．

2.4.4 その他の試験法

（1） 原位置ベーンせん断試験 (in situ vane shear test)

図2.9 に示すような長方形の4枚羽根（ベーンブレード）の付いたロッドを地中に押し込み，調査深度においてロッドを回転して，円筒形表面のせん断を行う．ブレードの幅および回転トルクから土のせん断強さを算定する．軟弱な粘性土に対して有効な試験方法である．

わが国では粘性土のせん断強度はもっぱらサンプリングした試料について，実験室内で行う一軸圧縮強度から推定することが多いが，欧米ではむしろこのベーン試験のほうが一般的である．それは室内試験では避けられない試料の乱

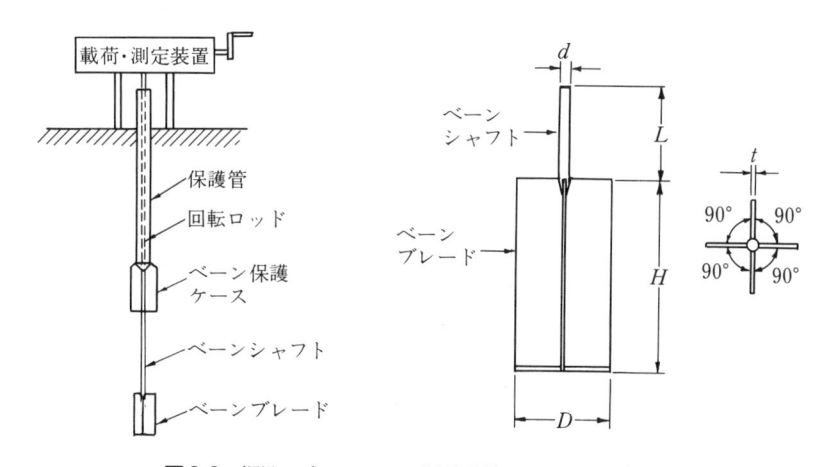

図2.9　押込み式ベーンせん断試験機とベーン形状[6]

れの影響を原位置における試験では考慮しなくてよいからである．試験方法は比較的簡単であり，試験方法に関する基準も整備されているので，わが国においても，もっと普及すべき試験方法である．

（2）孔内水平載荷試験（borehole loading test）

ボーリング孔に水平方法に載荷できる測定管（図2.10参照）を入れ，地上の圧力源から水圧を加えて，圧力と注入量を測定し，地盤の水平方向の変形係数や極限圧力を求める試験である．変形係数を求めるための地盤の水平変位は，注入された水量から計算する．測定管はゴムチューブによる一つまたは三つの

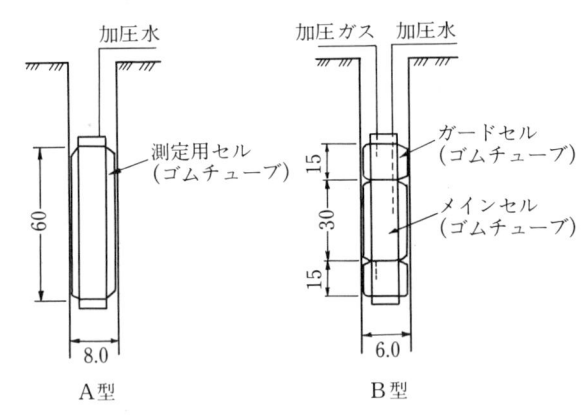

図2.10 孔内水平載荷試験の測定管の例[6]

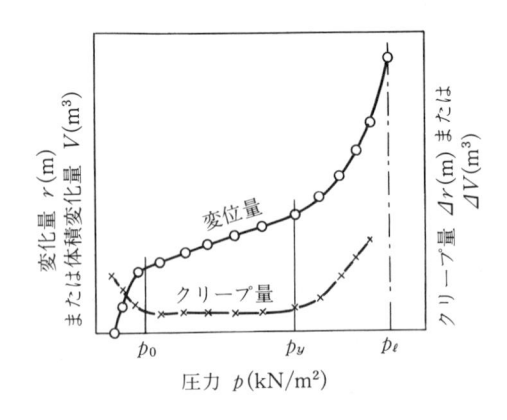

図2.11 圧力～変位量関係[6]

載荷室からなっており，地盤中の応力状態を二次元とみなせるに十分な長さ (通常直径の 6 倍) をもったものを用いる．

試験結果を整理した例を**図 2.11** に示す．初期圧力 p_0 でゴム膜が地盤に確実に密着して実質的な載荷が始まり，p_y で地盤は降伏したと判断できる．さらに圧力を増加させると p_l で極限圧力となり，地盤は破壊したものと考える．変形係数 E は次式で求めることができる．

$$E = (1+\nu) r_m \frac{\Delta p}{\Delta r} \tag{2.4}$$

ここで，ν：ポアソン比　r_m：圧力室の半径　Δp：圧力増分　Δr：Δp に対する圧力室半径の増分である．

(3) 速度検層

地盤に関する物理探査の一つとして，弾性波速度の深さ方向の分布を調べる速度検層 (velocity logging) が比較的普及している．検層装置の例 (ダウンホール方式) を**図 2.12** に示す．ボーリング孔内に地盤の振動を感知し，電気信号に変える受信機をセットしておき，地上に置かれた板をハンマーでたたき，発生した P 波と S 波を受信機で検知し，その到達時間を求める．受信機の深

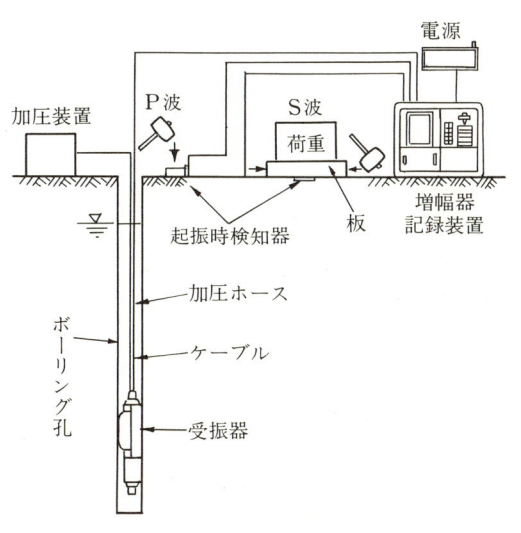

図 2.12　速度検層装置[6]

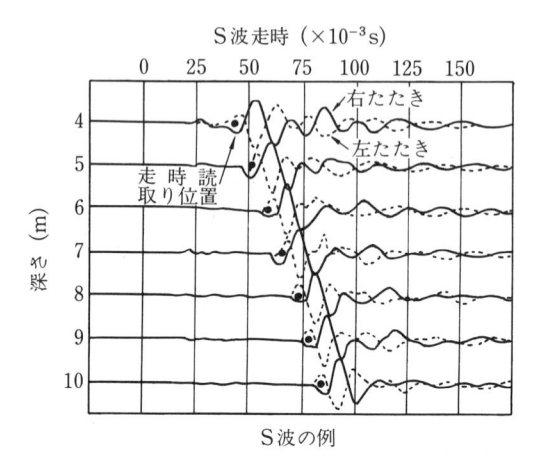

図2.13 走時曲線から弾性波速度の求め方[6]

さを変化させて検知したS波の例を**図2.13**に示す．地盤の弾性波速度は2点間の層厚と弾性波の到達時間差の比として求めることができる．

その他に，地盤工学会では基準化していない試験方法として，動的コーン貫入試験やダイラトメーター試験があるが，本書ではその説明を省略する．

第3章

地盤内の応力

　応力とはある物体に働く外力に対応して(反応して)，その物体内に生じる力である．通常は，物体内の任意の面に，その単位面積あたりに働く力をいう．力はその面に垂直な方向と，平行な方向に分解できるので，それぞれの応力成分を垂直応力，せん断応力と呼ぶ．

　地盤内の応力を問題にするとき，土を均一な連続体として扱うと便利である．このようにすれば，連続体の力学(弾性論)の結果が利用できる．しかし，土は土粒子，水，空気の三相からなる複雑な混合体であり，本来，土粒子骨格と間げきの水を(不飽和土の場合は空気も)，別個に考慮しなければならない．しかしこれでは非常に繁雑になるので，有効応力という概念を導入し，ほかの構造材料と違った土固有の性質を比較的簡単に表すことに成功している．これについては以下でくわしく述べる．

　地中の垂直応力の符号は，一般に圧縮を正，引張を負とする．ばらばらの土粒子が集まって連続体となるには，常に圧縮応力が働かなければならないからであり，引張応力はむしろ特殊な状態である．

3.1 自重による地盤内の応力

土自身の重さによって生じる応力をまず調べてみよう．鉄やコンクリートなどほかの構造材料は，ときには自重による応力を無視する場合があるのに対し，土の場合にはそのようなことはほとんど考えられない．それは，土はその材料強度が小さいので，自重による応力が応力全体の中で大きなウェートを占めるからである．

図 3.1 に示すような地表面が水平な無限に続く均一な地盤に，断面積 $A=1$，深さ z の土の柱に働く力の釣合いを考えてみよう．土の柱の自重 γz ($\gamma=$土の単位体積重量) に釣合う鉛直方向の力は，柱の底面に働く反力 σ_v と，柱の側面に働く鉛直方向のせん断応力 τ_{vh} が考えられる．ところが図のような水平地盤では任意の円直面に関する対象性により，τ_{vh} はゼロである．そこで深さ z における鉛直応力 σ_v は次式で表される．

$$\sigma_v = \gamma z \tag{3.1}$$

さて，水平方向の力の釣合い条件からは，土柱の側面に働く水平方向の垂直応力 σ_h が，柱の左右で等しいということしかいえない．この力は力の釣合い条件だけからでは求めることができない不静定量である．水平地盤の場合に，これを決めるために変形の適合条件が必要となる．そのために任意の鉛直面は対称面であるという条件 (もし，土柱の側面が水平方向に膨らむと，その隣の柱の側面は凹むことになり，対称性がなりたたない) を用いる．

すなわち，σ_v という鉛直応力により，土の柱は水平方向に膨張・圧縮することなく，鉛直方向に一次元的に圧縮する条件を満足するような水平応力 σ_h が常に働いているわけである．

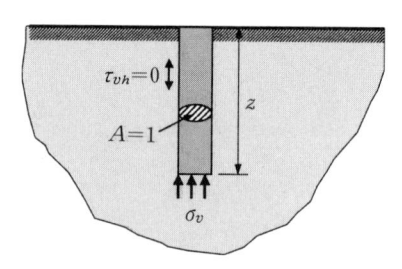

図 3.1 水平地盤の応力

いま地盤を等方弾性体と仮定すると，フックの法則(Hooke's law)により σ_h を求めることはできる．水平方向の垂直ひずみ ε_h は

$$\varepsilon_h = \frac{1}{E}\{(1-\nu)\sigma_h - \nu\sigma_v\} \tag{3.2}$$

で与えられる．ここに，E はヤング係数(Young's modulus)，ν はポアソン比(Poisson's ratio)である．上で述べた対称性の条件は $\varepsilon_h = 0$ であるので，水平応力は式(3.2)より

$$\sigma_h = \frac{\nu}{1-\nu}\sigma_v \tag{3.3}$$

となる．**図3.1**の土柱の底面に働く水平方向のせん断応力 τ_{hv} は，対称性によりむろんゼロである．

自然に堆積した水平地盤では，このように $\varepsilon_h = 0$ であり，水平応力と鉛直応力の比は $\nu/(1-\nu)$ となる．しかし一般に，地盤は弾性体とはいえない場合が多く，この両者の比を静止土圧係数(coefficient of earth pressure at rest) K_0 と呼ぶ．

$$K_0 = \frac{\sigma_h}{\sigma_v} \tag{3.4}$$

K_0 は正確には後に述べる有効応力の比を採用する．

例題 3.1
弾性体(フックの法則に従う材料)について，静止土圧係数 K_0 を求めよ．
【解答】

$$\varepsilon_h = \frac{\sigma_h}{E} - \frac{\nu}{E}(\sigma_h + \sigma_v) = 0 \quad \text{より}$$

$$\sigma_h - \nu\sigma_h - \nu\sigma_v = 0$$

$$\sigma_h = \frac{\nu}{1-\nu}\sigma_v$$

$$\therefore \quad K_0 = \frac{\sigma_h}{\sigma_v} = \frac{\nu}{1-\nu}$$

3.2 モールの応力円と応力経路

3.2.1 モールの応力円

地盤上にある基礎に荷重が作用するような場合の地中に働く応力は三次元問

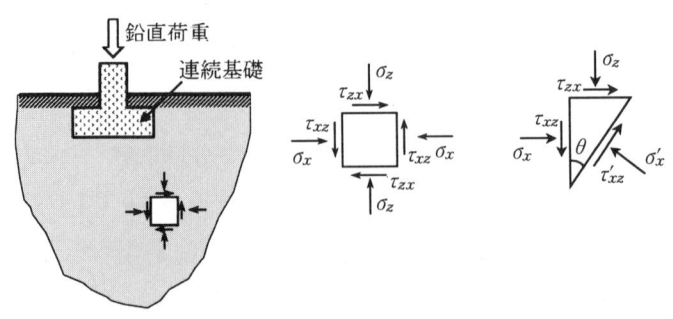

(a) 平面ひずみ状態　　(b) 地中の要素に働く応力　　(c) 任意方向の応力

図 3.2　任意方向の応力

題であるが，**図 3.2(a)** に示すような連続基礎が紙面と直角方向に長く続く場合には，紙面上の二次元の問題として扱うことができる．この場合，紙面に垂直方向のひずみは生じない（紙面に垂直な応力は存在する）．この連続基礎について，紙面と平行な平面で切った断面はどこでも同じ状態である．このような二次元問題を平面ひずみ条件という．**図 3.2(a)** 中にある任意の要素について，その鉛直面と水平面に働く応力（垂直応力 σ とせん断応力 τ）は **図 3.2(b)** のように表す．

いま，この要素の任意方向（鉛直面から時計回りに θ だけ回転した面）に働く応力は **図 3.2(c)** に示す三角柱に働く力の釣合いから，次式のように表すことができる．

$$\sigma_x' = \frac{\sigma_x + \sigma_z}{2} + \frac{\sigma_x - \sigma_z}{2}\cos 2\theta + \tau_{xz}\sin 2\theta \tag{3.5}$$

$$\tau_{xz}' = -\frac{\sigma_x - \sigma_z}{2}\sin 2\theta + \tau_{xz}\cos 2\theta \tag{3.6}$$

この関係を幾何学的に表したものが **図 3.3** に示すモールの応力円（Mohr's stress circle）である．モールの応力円の円周上の任意の点は地盤中のある点を通る任意方向の応力（横軸と縦軸がそれぞれ垂直応力，せん断応力）を表している．この応力円を正しく使うには次の約束が必要である．

（1）横軸は圧縮応力を正（右側）にとる．
（2）τ によるモーメントが反時計回りに働くとき正（上側）にとる．

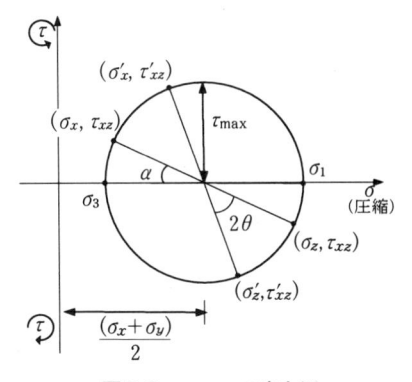

図 3.3 モールの応力円

（3） 実際の地盤中で θ 回転した面は，応力円では 2θ 回転した点で表される．

せん断応力がゼロとなる面を主応力面と呼び，モールの応力円が σ 軸を横切る点（最大主応力 σ_1，最小主応力 σ_3）である．せん断応力の最大値 τ_{max} は

$$\tau_{max} = \frac{\sigma_1 - \sigma_3}{2} \tag{3.7}$$

であり，主応力面から 45°回転した面で生じる．$\sigma_1 = \sigma_3$（さらに紙面と直角方向の垂直応力 σ_2 も等しい）の場合は，モールの応力円は点となり，すべての面の垂直応力が等しく，せん断応力はゼロである．この状態を等方応力状態と呼ぶ．

> **例題 3.2**
> 図のような応力状態を示すモールの応力円を描き，主応力の大きさとその方向を求めよ． 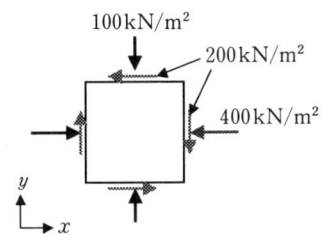
>
> 【解答】 モールの円は $(400, -200)$，および $(100, 200)$ を直径とする円を描けばよい．

円の中心の座標は
$$C = \frac{400+100}{2} = 250 \, \text{kN/m}^2$$
円の半径は
$$R = \sqrt{\left(\frac{400-100}{2}\right)^2 + 200^2} = 250 \, \text{kN/m}^2$$
最大主応力
$$\sigma_1 = C + R = 500 \, \text{kN/m}^2$$
最小主応力
$$\sigma_3 = C - R = 0 \, \text{kN/m}^2$$
最大主応力の方向 θ は
$$\tan 2\theta = \frac{200}{150} = 1.33$$
$$2\theta = 53.1° \quad \theta = 26.6°$$
したがって，x 方向より反時計回りに 26.6° 回転した方向

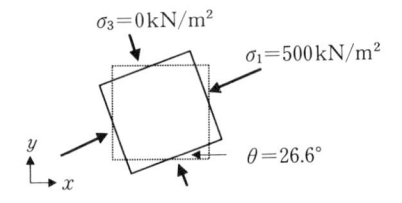

3.2.2 応力経路

図 3.4(a)の地中にある点の水平応力と鉛直応力の比が最初，静止土圧係数に等しいとき，モールの応力円は図 3.5(a)の A となる．その後，図 3.4(b)のような構造物が建設されると，それによって地中の応力が増加し，モールの応力円は途中の結果を経て図 3.5(a)の B のように変化する．この過程をすべてモールの応力円で表現すると煩雑になること，また，モールの応力円の中心は必ず σ 軸上にあることを考えると，モールの応力円の代わりに，応力円の頂点 (図 3.5(a)中の A_p, B_p) だけで代用すると A〜B の変化がずいぶん簡単になる．すなわち，モールの応力円の頂点の座標 (p, q) は次式のようになる．

$$p = \frac{\sigma_1 + \sigma_3}{2}, \quad q = \frac{\sigma_1 - \sigma_3}{2} \tag{3.8}$$

(a) 初期状態　　(b) 構造物による載荷状態

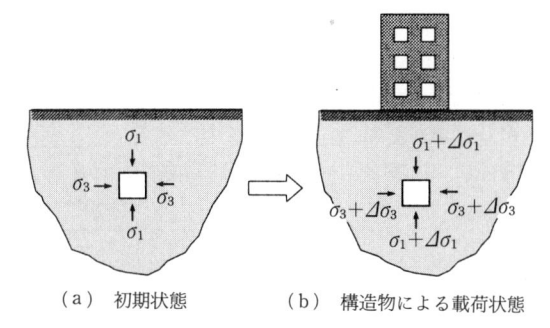

図 3.4 地中の応力変化

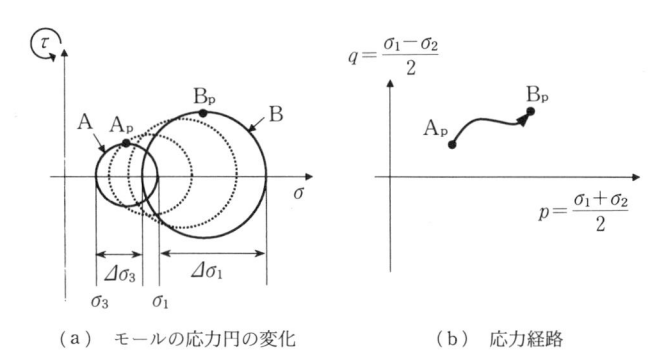

(a) モールの応力円の変化　　(b) 応力経路

図 3.5 モールの応力円と応力経路

もし，応力が連続的な変化をするときには，このモールの応力円の頂点を結んだ線として，応力の変化を表すことができる．このような点の軌跡を応力経路 (stress path) と呼んでいる (**図 3.5(b)**)．

例題 3.3

次に示す応力変化に対して応力経路を描け．ただし，$\tau_{hv}=0$ とする．

a) $\sigma_h=\sigma_v=20\,\mathrm{kN/m^2}$ の状態から，σ_v は一定に保たれた状態で，σ_h が $80\,\mathrm{kN/m^2}$ まで増加した．

b) $\sigma_h=\sigma_v=20\,\mathrm{kN/m^2}$ の状態から，σ_v は一定に保たれた状態で，σ_h が $0\,\mathrm{kN/m^2}$ まで減少した．

c) $\sigma_h=\sigma_v=20\,\mathrm{kN/m^2}$ の状態から，σ_h は一定に保たれた状態で，σ_v が $100\,\mathrm{kN/m^2}$ まで増加した．

d) $\sigma_h=\sigma_v=20\,\mathrm{kN/m^2}$ の状態から，$\Delta\sigma_h=\Delta\sigma_v/3$ の関係でともに増加した．

e) $\sigma_h=10\,\mathrm{kN/m^2}$, $\sigma_v=30\,\mathrm{kN/m^2}$ の状態から, σ_h は一定に保たれた状態で, σ_v が $80\,\mathrm{kN/m^2}$ まで増加した.

f) $\sigma_h=10\,\mathrm{kN/m^2}$, $\sigma_v=30\,\mathrm{kN/m^2}$ の状態から, σ_v は一定に保たれた状態で, σ_h が $0\,\mathrm{kN/m^2}$ まで減少した.

【解答】

a) 初期状態 (p_0, q_0) は

$$p_0=\frac{\sigma_v+\sigma_h}{2}=20\,\mathrm{kN/m^2}$$

$$q_0=\frac{\sigma_v-\sigma_h}{2}=0\,\mathrm{kN/m^2}$$

応力増分 (Δp, Δq) は

$$\Delta p=\frac{\Delta\sigma_v+\Delta\sigma_h}{2}=\frac{0+60}{2}=30\,\mathrm{kN/m^2}$$

$$\Delta q=\frac{\Delta\sigma_v-\Delta\sigma_h}{2}=\frac{0-60}{2}=-30\,\mathrm{kN/m^2}$$

b)

$$p_0=20\,\mathrm{kN/m^2}, \quad q_0=0\,\mathrm{kN/m^2}$$

$$\Delta p=\frac{0-20}{2}=-10\,\mathrm{kN/m^2}, \quad \Delta q=\frac{0+20}{2}=10\,\mathrm{kN/m^2}$$

c)

$$p_0=20\,\mathrm{kN/m^2}, \quad q_0=0\,\mathrm{kN/m^2}$$

$$\Delta p=\frac{60+0}{2}=30\,\mathrm{kN/m^2}, \quad \Delta q=\frac{60-0}{2}=30\,\mathrm{kN/m^2}$$

d)

$$p_0=20\,\mathrm{kN/m^2}, \quad q_0=0\,\mathrm{kN/m^2}$$

$$\Delta p=\frac{3+1}{2}=\Delta\sigma_h, \quad \Delta q=\frac{3-1}{2}\Delta\sigma_h \quad \therefore \quad \frac{\Delta p}{\Delta q}=\frac{2}{1}=2$$

e)

$$p_0=\frac{30+10}{2}=20\,\mathrm{kN/m^2}, \quad q_0=\frac{30-10}{2}=10\,\mathrm{kN/m^2}$$

$$\Delta p=\frac{50+0}{2}=25\,\mathrm{kN/m^2}, \quad \Delta q=\frac{50-0}{2}=25\,\mathrm{kN/m^2}$$

f)

$$p_0=20\,\mathrm{kN/m^2}, \quad q_0=10\,\mathrm{kN/m^2}$$

$$\Delta p=\frac{0-10}{2}=-5\,\mathrm{kN/m^2}, \quad \Delta p=\frac{0+10}{2}=5\,\mathrm{kN/m^2}$$

3.3 間げき水圧と有効応力

3.3.1 土中水の圧力

　土粒子の形状とその骨格構造を考えると，土中の間げき部分は空間的に連続しているといえる．土が飽和していれば，その間げき部分に存在する水も連続している．不飽和土においても，空気の含有量が少ない間は空気が不連続で，水は連続していると考えられる．このように連続した水が静止して動かないとき，水中の圧力（水圧）はその上にある水の重量に等しい．これは図3.6に示すように，水中に単位面積の柱を考え，それに働く鉛直方向の力の釣合いから明らかである．したがって，水面からzの深さにおける水圧 u_w は

$$u_w = \gamma_w z \qquad (3.9)$$

である．ここで γ_w は水の単位体積重量．

　液体の圧力は等方的であるので，この水圧は鉛直面にも同様に作用する．このような動かない水の圧力を静水圧と呼ぶ．土中の間げき水は連続しているので，水圧は静水圧を示す．土のような多孔質の物質の間げき部分に存在する間げき水の圧力を，とくに間げき水圧（pore pressure）という．間げき水圧も容器中の水の水圧も物理的な意味に変わりはない．

　水を含んだ地盤に穴を掘ると，やがて水が出てくる．ふつうその水を汲み出しても，しばらくするとまた元の位置まで水が溜る．この位置のことを地下水位面と呼んでいる．地下水位面より下の土は通常，飽和している．地下水位面より上の土は不飽和かというと，必ずしもそうではなく，飽和している場合もある．図3.7は土の飽和度の鉛直方向分布を示したものである．地下水位面よ

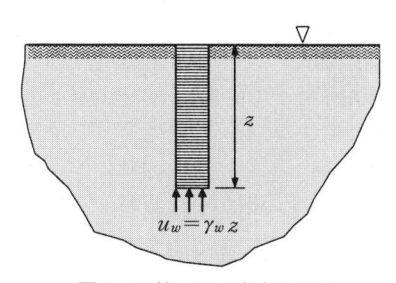

図3.6 静止した水中の圧力

り上のある範囲（b 点まで）は飽和しており，その上に不飽和な土がある．このような地下水位面より上の水は地表面から雨水により供給されることもあるが，下の地下水が毛管現象により持ち上げられたものである．土の間げき部分の径は毛管現象（capillarity）を起こすのに十分なほど小さいものである．

穴にたまった水の表面は大気に面しているので，その面には大気圧が働いている．すなわち，地下水位面というのは間げき水圧が大気圧に等しい面である．その大気圧も大気の重量であり，結局，水中の圧力はその上にある大気と水の重量の和である．しかし，大気圧は地球上のものすべてに働いているので，それを差し引いた値，すなわち，水面において圧力はゼロという方法を慣用的に採用している．

したがって，**図 3.8** のように地下水位面より上の間げき水に働く力の釣合いを考えると，水位面から h の高さにおける間げき水圧はその下にある水の重量を引き上げなければならないので，上向き，すなわち負の圧力を持つことになる．結局，間げき水圧の深さ方向の分布は，地下水位面でゼロ，その上下で勾配が一定 (γ_w) の直線となる．

地下水が動いているときは，間げき水圧分布は静水圧（hydrostatic pressure）にはならない．これについては第 4 章でくわしく述べる．

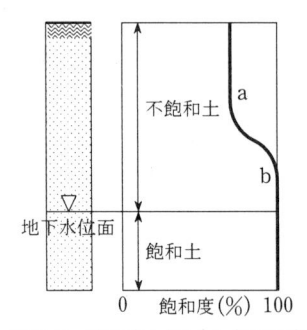

図 3.7 地下水と間げき水圧分布 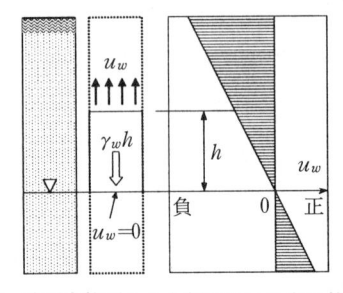　　**図 3.8** 地下水位面より上部における力の釣合い

3.3.2 有効応力の定義

土は固体，液体，気体の三つの相からなるが，これを均一な連続した固体と考えたとき，その単位面積に垂直に働く力を垂直応力と呼んでいる．このような，いままで普通に使っていた垂直応力を以後，全応力と呼ぶことにする．そ

して，この全応力から間げき水圧を引いた応力をあらたに有効応力 (effective stress) と呼ぶことにする．すなわち，有効応力 ($\bar{\sigma}$ と表す) は

$$\bar{\sigma} = \sigma - u_w \qquad (3.10)$$

ここで，σ は全応力，u_w は間げき水圧を表している．有効応力および全応力は垂直応力だけに関するものである．せん断応力は考えている面に平行な力であり，間げき水圧との差をとっても意味がない．

この有効応力というものは物理的にどのような意味を持つものであろうか．まず砂のような粒状体の土について，土粒子と間げき水の力の釣合いを微視的にみてみよう．

図 3.9 は土粒子と土粒子の接触部分とその周囲を拡大したものである．間げき部分は水で飽和しているものとする．いまこの全体の断面積 A に働く全応力を σ とする．ところで，土粒子どうしの接触部を含む平面に働いている力は，接触部分を通して伝わる力 P_s と間げき水圧 u_w である．この力が断面積 A に働く全応力 σ と釣合うので，土粒子の接触面積を A_s とすれば，次式がなりたつ．

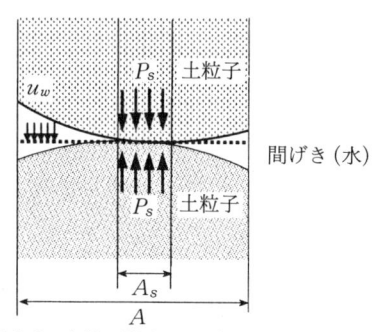

図 3.9 土粒子間力と間げき水圧

$$A\sigma = P_s + (A - A_s) u_w \qquad (3.11)$$

この式の両辺を A で割ると，

$$\sigma = \frac{P_s}{A} + \left(1 - \frac{A_s}{A}\right) u_w \qquad (3.12)$$

となる．ところで，土粒子の接触面積 A_s は A に比べて非常に小さいので，$(1 - A_s/A) = 1$ と置くと，

$$\frac{P_s}{A} = \sigma - u_w \tag{3.13}$$

となる．上式と式(3.10)を比較すると，有効応力は P_s/A，すなわち，土粒子間の接触力をその支配面積で割ったものといえる．つまり，有効応力とは，土粒子間接触力がその接触面積だけでなく，全面積に一様に分布すると仮定したときの，いわゆるみかけの土粒子間接触応力のようなものと考えることができる．

土粒子間接触応力は土の強度を支配する重要な意味をもつ量である．土の骨格構造は土粒子間力によってなりたっているからである．6章でくわしく述べるが，土は摩擦性材料であるので，土粒子間で圧し付け合う力が強いほどその強度は大きい．すなわち，土の強度を支配するのは全応力ではなく，有効応力なのである．

深い海底の表面の土の状態（高い圧力を受けているにもかかわらず，非常に緩い状態にある）を考えてみよう．図3.10に示すような深さ d の海底面からさらに深さ z にある土の鉛直方向の全応力は水と土の重量を足して，

$$\sigma_v = \gamma_w d + \gamma z \tag{3.14}$$

となる．ここで，γ_w は水の単位体積重量，γ は海底にある土の単位体積重量である．海底面の上下の水は連続しているので，海底面から深さ z の位置における間げき水圧は

$$u_w = \gamma_w(d+z) \tag{3.15}$$

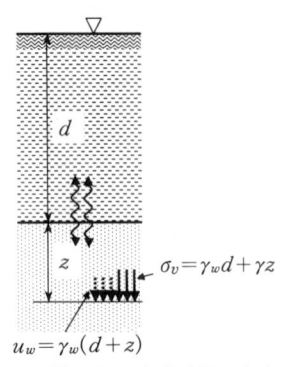

図3.10 海底地盤の応力

3.3 間げき水圧と有効応力

である．したがって有効応力は

$$\sigma = \sigma_v - u_w = (\gamma - \gamma_w)z \qquad (3.16)$$

となり，これは海底面からの深さ z に比例し，海底の深さ d には無関係である．したがって，海底面における有効応力はゼロである．

式 (3.16) 中の $(\gamma - \gamma_w)$ は土の単位体積あたりの重量から水による浮力を引いたものであるので，とくに水中単位体積重量 (submerged unit weight) と呼び，記号 $\bar{\gamma}$ で表す．すなわち，

$$\bar{\gamma} = \gamma - \gamma_w \qquad (3.17)$$

粘性土の場合には，土粒子の骨格構造における力の伝達は，土粒子間の電気的な引力や吸着水層の電気的斥力によるといわれている．しかし，粘性土のように間げきの小さい土でも，間げき水圧の作用は粗粒土と変わらないので，基本的に有効応力の考え方は砂の場合と同様に扱ってよい．

式 (3.4) で定義した静止土圧係数 K_0 は水平応力と鉛直応力の比であるが，それは全応力ではなく，有効応力を用いるのが正しい．

例題 3.4

図に示す水平地盤において，下記のものの鉛直方向分布を求め，図示せよ．
 a．間げき水圧，u_w
 b．鉛直方向全応力，σ_v
 c．鉛直方向有効応力，$\bar{\sigma}_v$
 d．水平方向全応力，σ_h
 e．水平方向有効応力，$\bar{\sigma}_h$

ただし，静止土圧係数は $K_0 = 0.5$ とする．また，地盤は飽和しており，間げき水圧は静水圧を示すものとする．

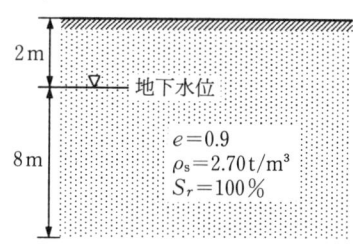

（図：2m（地下水位まで），8m，$e=0.9$，$\rho_s = 2.70 \text{t/m}^3$，$S_r = 100\%$）

【解答】 土の湿潤密度は

$$\rho_t = \frac{\rho_s + S_r e \rho_w}{1 + e} = \frac{2.70 + 1 \times 0.90 \times 1}{1 + 0.90} = 1.89 \text{t/m}^3$$

土の単位体積重量
$$\gamma = \rho_t \times g = 1.89 \times 10 = 18.9\,\text{kN/m}^3$$
（重力加速度は $g \fallingdotseq 10\,\text{m/s}^2$ として計算した）

水の単位体積重量
$$\gamma_w = \rho_w \times g = 1 \times 10 = 10\,\text{kN/m}^3$$

間げき水圧 　　　　$u_w = \gamma_w(z-2)$ 　z は深さ（単位：m）
鉛直方向全応力 　　$\sigma_v = \gamma \cdot z$
鉛直方向有効応力 　$\bar{\sigma}_v = \sigma_v - u_w$
水平方向有効応力 　$\bar{\sigma}_h = K_0 \bar{\sigma}_v$
水平方向全応力 　　$\sigma_h = \bar{\sigma}_h + u_w$

$z=0, 2, 10\,\text{m}$ におけるそれぞれの応力は以下のようになる

深さ	(m)	0	2	10
間げき水圧	(kN/m²)	−20	0	80
鉛直方向全応力		0	37.8	189
鉛直方向有効応力		20	37.8	109
水平方向有効応力		10	18.9	54.5
水平方向全応力		−10	18.9	134.5

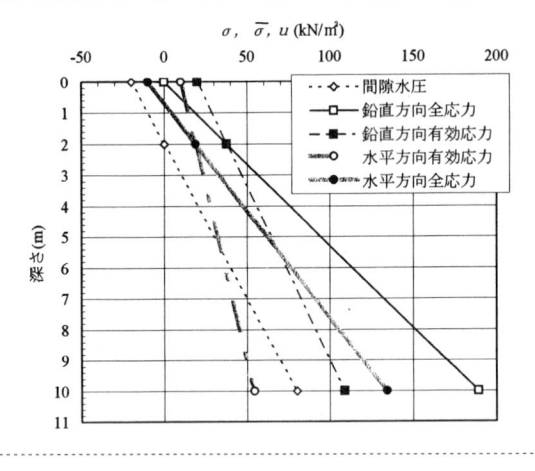

3.4 荷重の作用による地中応力増加

　建物が建設されると，その重量によって地中の応力状態が変化する．その結果，土が圧縮・変形して，建物が沈下したり，傾くことがある．土の圧縮・変形は5章以降でくわしく扱うので，ここでは外力の作用によって，地中に生じ

る応力変化について述べることにする．

地盤中の応力を求めるためには土の応力〜変形特性が必要になる．実際の土の性質はかなり複雑であるが，ここでは土を連続した弾性体として扱う．したがって，ここでいう応力は全応力と考えてよい．とくに建物が建設される場所は水平地盤が多いので，水平な地表面から下は弾性体が無限に続く状態（これを半無限弾性体 (elastic half space) と呼ぶ）に関する弾性解が有用である．以下では主として半無限弾性体にいろいろな荷重が働く場合の弾性体内部の応力増加について述べる．

3.4.1 地表面に働く集中荷重

均一で等方性の半無限弾性体の表面に，その面に垂直に集中荷重 P が働く場合の弾性体内部の応力増分はブーシネスク (Boussinesq, 1885) により，次のように求められている．

$$\Delta\sigma_z = \frac{3P}{2\pi z^2}\cos^5\omega \qquad (3.18\text{-a})$$

$$\Delta\sigma_r = \frac{P}{2\pi z^2}\left\{3\cos^3\omega\cdot\sin^2\omega - (1-2\nu)\frac{\cos^2\omega}{1+\cos\omega}\right\} \qquad (3.18\text{-b})$$

$$\Delta\sigma_\theta = -(1-2\nu)\frac{P}{2\pi z^2}\left(\cos^3\omega - \frac{\cos^2\omega}{1+\cos\omega}\right) \qquad (3.18\text{-c})$$

$$\Delta\tau_{rz} = \frac{3P}{2\pi z^2}\cos^4\omega\cdot\sin\omega \qquad (3.18\text{-d})$$

$$\Delta\tau_{z\theta} = \Delta\tau_{r\theta} = 0 \qquad (3.18\text{-e})$$

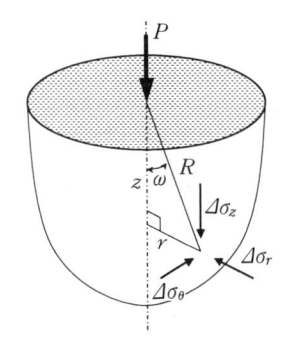

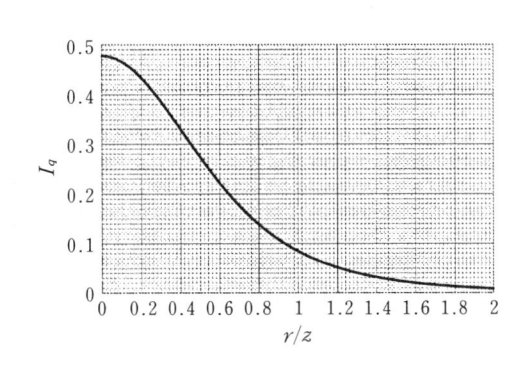

（a）座標位置と応力　　　　　（b）鉛直応力増分に関する影響係数

図 3.11 半無限弾性体表面に働く鉛直集中荷重による応力

ここに，z, r は図 3.11(a)に示すように，応力を知りたい位置の深さおよび半径方向の座標である．式(3.18-a)〜(3.18-b)では r の代わりに，ω ($\tan\omega = r/z$) を用いている．また，ν はポアソン比である．

鉛直応力増分については

$$\Delta\sigma_z = I_q \frac{P}{z^2} \qquad (3.19)$$

のように表したとき，I_q は図 3.11(b)のようになる．I_q を影響係数 (influence coefficient) と呼んでいる．式 (3.19) と図 3.11(b)から $\Delta\sigma_z$ は深さの2乗に反比例するとともに，集中荷重の作用軸から離れるにしたがって，急激な減少を示すことがわかる．

3.4.2 地表面に分布する鉛直荷重

地表面に建物のようなある平面形に荷重が分布する場合の地中応力は，ブーシネスクの解 (Boussinesq's solution) を荷重の分布する範囲で積分すればよい．以下では半無限弾性体の表面に，幾何学的な図形の範囲に等しい鉛直荷重が分布する場合の弾性解を示す．いずれも弾性解であるので，応力増分は荷重度に比例する．一般に解は座標位置とポアソン比の関数であり，ヤング係数には無関係となる．どのような分布荷重に対しても鉛直応力増分はポアソン比と無関係になるが，帯荷重の場合はすべての応力増分がポアソン比と無関係になる．

（1）連続した帯荷重

ある幅の荷重が水平方向に長く続く場合は，平面ひずみ条件となる．地中の位置を決める座標として図 3.12(a)に示した記号を用いると，水平面に作用する垂直応力の増分は

$$\Delta\sigma_z = \frac{q}{\pi}\{\theta_0 + \sin\theta_0 \cdot \cos(\theta_1 + \theta_2)\} \qquad (3.20)$$

のように表される．ここで，q は単位面積あたりに作用する鉛直荷重である．図示すると，図 3.12(b)のようになる．

（2）円形荷重

円形等分布荷重が表面に働いている場合は，ラブ (Love, 1944) によって式 (3.18) を積分した解が与えられている．その数式による表現は複雑であるので，鉛直応力増分の結果のみを図 3.13 に示す．荷重円の直径の2倍の深さで

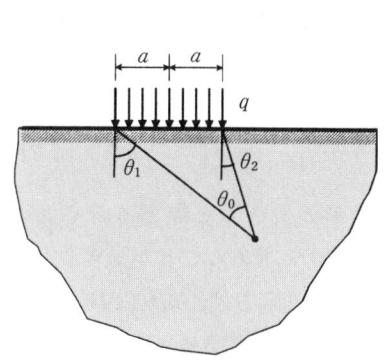

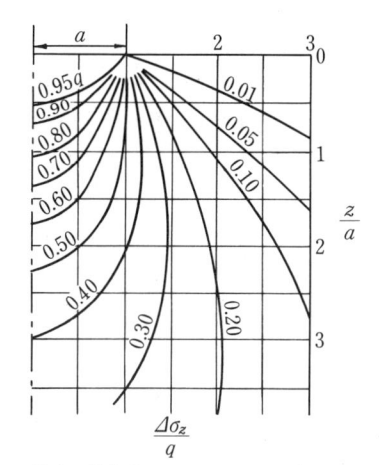

3.4 荷重の作用による地中応力増加　57

（a）幅$2a$の帯荷重と地中位置　　（b）帯荷重に対する鉛直応力増分

図3.12 鉛直帯荷重による応力増分[10]

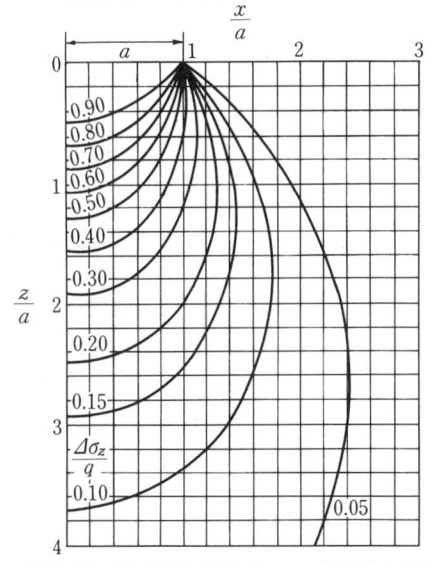

図3.13 円形等分布荷重による鉛直応力増分[11]

は鉛直応力増分は，地表面荷重の十分の一以下に低下する．この応力影響範囲は地盤調査の際に，調査範囲を決定する参考になる．鉛直応力増分の分布はちょうどタマネギの切り口のようにみえるので，これを圧力球根(pressure bulb)と呼んでいる．

（3） 長方形荷重

図3.14(a)に示すような，長さと幅が L，B の長方形に等分布荷重 q が作用したとき，長方形の角の下 z における鉛直応力増加 $\Delta\sigma_z$ は次式で与えられる．

$$\Delta\sigma_z = \frac{q}{2\pi}\left[\tan^{-1}\frac{L\cdot B}{z\sqrt{L^2+B^2+z^2}}\right.$$
$$\left.+\frac{L\cdot B\cdot z}{\sqrt{L^2+B^2+z^2}}\left(\frac{1}{L^2+z^2}+\frac{1}{B^2+z^2}\right)\right] \qquad (3.21)$$

図3.14(b)は上式の計算図表である．長方形の長さ L と幅 B を深さ z のそれぞれ m 倍，n 倍として，図表より $f_B(m, n)$ を求めることができる．長方形分布荷重のぐう角部以外の任意の部分における応力は，式(3.21)または図3.14(b)の結果を重ね合わせることにより求めることができる．

$$\Delta\sigma_z = q\cdot f_B(m, n)$$

（a） 長方形等分布荷重のぐう角部直下

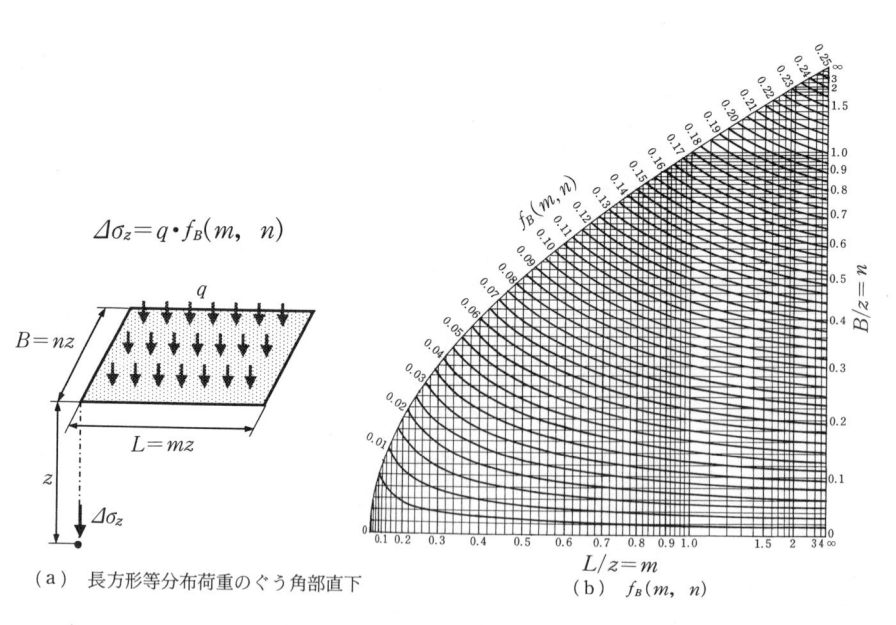

（b） $f_B(m, n)$

図3.14 長方形等分布荷重による鉛直応力増分[5]

例題 3.5

図はべた基礎を持つ L 字型の建物の基礎平面である．等分布荷重 $q=100\,\mathrm{kN/m^2}$ によって起こる A，B，C，D 各点直下 20 m における鉛直応力増分 $\Delta\sigma_z$ を求めよ．

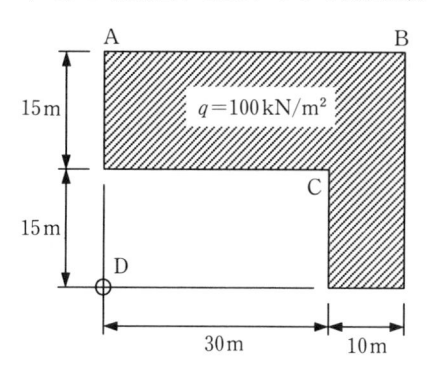

【解答】

1) L 字型分布荷重は，A 点を隅角とする次の三つの長方形分布荷重を加減すれば得られる．

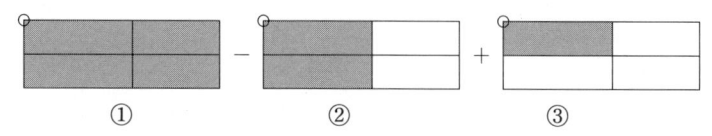

①　　　－　　②　　　＋　　③

それぞれの長方形の辺の長さ mz，nz，および図 3.14(b) を使って得られる f_b は以下のようになる．

	m	n	f_b
①	2	1.5	0.224
②	1.5	1.5	-0.216
③	1.5	0.75	0.170
		計	0.178

$\Delta\sigma_z = q \cdot f_b = 100 \times 0.178 = 17.8\,\mathrm{kN/m^2}$

2) B 点も同様にして，次の長方形分布荷重を加減し，

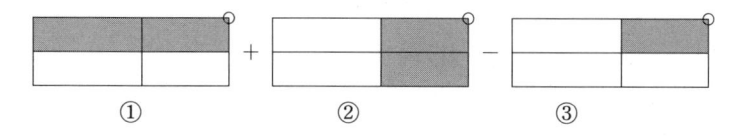

①　　　＋　　②　　　－　　③

鉛直応力増分は f_b に分布荷重の大きさ q を掛けて

	m	n	f_b
①	2	0.75	0.175
②	1.5	0.5	0.131
③	0.75	0.5	-0.107
		計	0.199

$$\Delta\sigma_z = q \cdot f_b = 100 \times 0.199 = 19.9 \,\mathrm{kN/m^2}$$

3) C 点も同様に

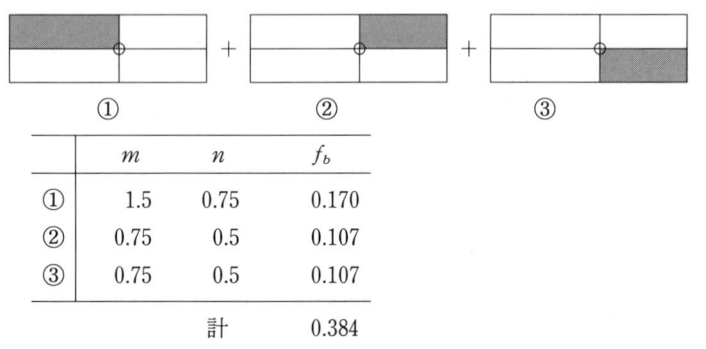

	m	n	f_b
①	1.5	0.75	0.170
②	0.75	0.5	0.107
③	0.75	0.5	0.107
		計	0.384

$$\Delta\sigma_z = q \cdot f_b = 100 \times 0.384 = 38.4 \,\mathrm{kN/m^2}$$

4) D 点も同様に

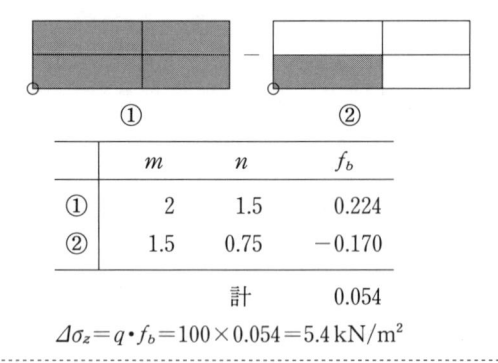

	m	n	f_b
①	2	1.5	0.224
②	1.5	0.75	-0.170
		計	0.054

$$\Delta\sigma_z = q \cdot f_b = 100 \times 0.054 = 5.4 \,\mathrm{kN/m^2}$$

(4) 任意の形状をした等分布荷重

規則的な図形以外の分布荷重の場合には，重ね合わせの法則を利用した影響円法 (influence circle method) という図式解法がある．これは**図 3.15** のよう

に，同心円と放射線からなり，必ず基準長と影響数が併記される．その方法は，まず応力を知りたい平面位置を同心円の中心にとり，荷重分布形をこの座標上に描く．このとき，その荷重分布形は応力を知りたい深さを基準長とした縮尺率で描く必要がある．

そして，この図形中に入るます目の数を求める．ます目の数 n（整数である必要はない）に影響数 C を掛けたものが鉛直応力増分となる．影響数とは**図3.15** のます目の総数の逆数である．応力円のます目の大きさは，中心から離れるに従って大きくなるが，これは中心直下において基準長の深さの位置に与える影響をすべて等しくなるように決められたものである．

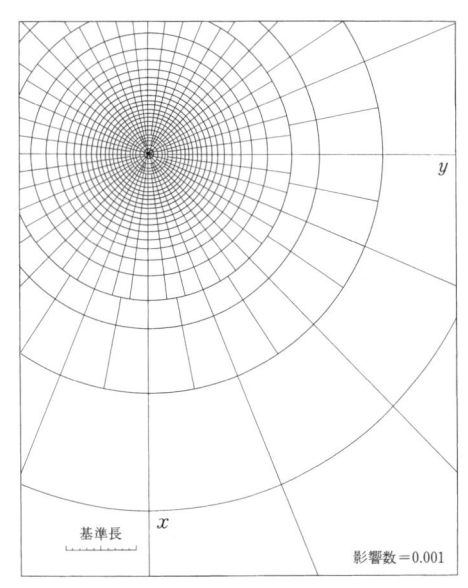

図 3.15 影響円（鉛直応力 σ_z）[12]

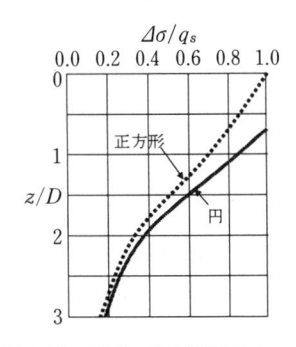

図 3.16 円形，正方形荷重の中心直下の鉛直応力増加

例題 3.6

直径 $D=10\text{m}$ の円形等分布荷重と，1辺 $b=10\text{m}$ の正方形等分布荷重がある．全荷重が 10MN のとき，それぞれの分布荷重の中心直下 10m における鉛直応力増分を求めよ．また，同じ荷重が地表面に集中荷重として働いた場合の荷重作用点直下

10 m における鉛直応力増分を計算せよ．

【解答】 直径 10 m の円形等分布荷重 (q_c) の中心直下 10 m における鉛直応力増分 $\Delta\sigma_c$ は図 3.13 より，

$$\Delta\sigma_c = 0.29 q_c$$

1 辺が 10 m の正方形等分布荷重 (q_s) の中心直下 10 m における $\Delta\sigma_s$ は，図 3.14 において $m=n=0.5$ とおいて，

$$\Delta\sigma_s = 4\times 0.083 q_s$$

全荷重が 10 MN であるので，円形および正方形分布荷重 q_c, q_s は

$$q_c = \frac{10000}{\pi\times 5^2} = 127\,\text{kN/m}^2$$

$$q_s = \frac{10000}{10\times 10} = 100\,\text{kN/m}^2$$

よって

$$\Delta\sigma_c = 0.29\times 127 = 36.9\,\text{kN/m}^2$$

$$\Delta\sigma_s = 4\times 0.083\times 100 = 33.2\,\text{kN/m}^2$$

10 MN の集中荷重の直下 10 m における $\Delta\sigma_p$ は，式 (3.18-a) より

$$\Delta\sigma_p = \frac{3P}{2\pi z^2} = \frac{3\times 10000}{2\pi\times 10^2} = 47.7\,\text{kN/m}^2$$

図 3.16 は円形荷重，正方形荷重の中心線直下の鉛直応力増分を示したもので，荷重分布形が多少異なっても，全荷重が等しければ，深さとともに分布形の影響は少なくなる．したがって，任意の荷重分布形に対して，それに近い幾何学図形の結果が利用できる．また等分布荷重でない場合においても，その平均値が等分布すると仮定しても，ある深さより深くなると大きな誤差はない．

練習問題 3

1．地盤内の直交する二平面における応力は以下のようであった．

  $\sigma_x = 150\,\text{kN/m}^2$ $\sigma_y = 50\,\text{kN/m}^2$ $\tau_{xy} = 75\,\text{kN/m}^2$

  モールの応力円を描き，主応力の大きさと方向 (図示せよ) を求めよ．

2．海面から深さ 100 m にある海底の地盤中 (海底面からの深さ 2 m) における間げき水圧および鉛直方向の全応力，有効応力を求めよ．海底地盤の単位体積重量は 18 kN/m³ である．

3．地表面に 40 m×20 m の長方形等分布荷重 $q=100\,\text{kN/m}^2$ が作用している．長方形中央と隅角部直下 15 m における鉛直応力増分 $\Delta\sigma_z$ を求めよ．

第4章

土中の水流

　山地に降った雨は地中に浸み込み，地下水となって土中の間げきを通って流れていく．建物の基礎工事で地盤をある程度深く掘削すると，底に水が溜まるようになる．それをいくら汲み出してもふたたび水が溜るのは，周囲から水が流れ込んでくるからである．いずれの場合も土中の間げきを通って水が流れている．

　川や水道管を通って流れる水も，土中の間げきを通って流れる水も物理的には同じ原理に従うが，土中の水流のように多孔物質中を流れる場合をとくに浸透という．水道管の場合と違って，浸透の場合にはその流路である間げきの形状が複雑であるので，間げき部分を水が流れるという扱いよりは，均一な物質中を一様に流れていくというように考えた方が便利である．これが土中の水流に対する扱いが単なる流体の流れに対するものと異なる点である．

4.1 ダルシーの法則

4.1.1 水頭（水を流す原動力）

　水を動かす原動力は何であろうか．この点については浸透も管路の流れも同じ原則に従う．まず，水は高いところから低いところに向かって流れる．川の流れは基本的にこの重力によっている．また，同じ流体である空気は高気圧から低気圧，すなわち，圧力の高いところから低いところに向かって流れる．液体も同様にその圧力差により移動する．この圧力差と位置の差に加えて，もう一つ水を流す要因がある．慣性の法則により，運動している物体はいつまでも運動をしつづける性質である．液体の場合も例外ではなく，流れている水は外から力が働かない限り，同じ速度で流れつづける．

　高さ，水圧および速度はその流体のもっているエネルギーで表現できる．そして，そのエネルギー（ポテンシャルともいう）の高いところから低いところに向かって水が流れると考えるといろいろな現象が説明できる．エネルギーの単位は「力×長さ」であるが，扱う物質は重力場における水だけであるので，長さ（高さ）だけでエネルギーを表現できる．すなわち，位置のエネルギーはその高さそのもので，圧力のエネルギーはその圧力を生じる水柱の高さ（すなわち水圧／水の単位重量）で表すことができる．単位質量あたりの運動のエネルギー（$v^2/2$，vは速度）を重力の加速度gで割れば高さに換算できる．

　このように，エネルギーを水の高さで表したものを水頭（head）と呼ぶ．高さ，水圧および速度のエネルギーを水頭で表したものをそれぞれ位置水頭（elevation head，記号h_e），圧力水頭（pressure head，記号h_p），速度水頭（velocity head，記号h_v）と呼んでいる．

　浸透流の場合，水の流れの速度は極めて遅く，速度水頭は位置水頭や圧力水頭に比べて無視できるほど小さいものであるので，通常，位置水頭と圧力水頭だけを考慮すればよい．この位置水頭と圧力水頭を足したものを全水頭（total head，記号h_t）と呼んでいる．すなわち，

$$h_t = h_e + h_p \tag{4.1}$$

となる．そして，この全水頭が高いところから低いところに向かって水が流れると考えるのである．

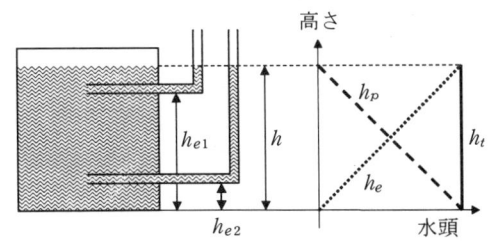

図 4.1 容器内の静止した水の水頭分布

　図4.1のように，ある容器に入れた水はそのままでは流れない．水面に近いところは底に比べて高い位置にあるのに，上から下に向かって水が流れないのは，底に近いところの水の方が水面より水圧が高いからである．位置水頭と圧力水頭を足した全水頭の分布は図のように深さ方向に一定であることがわかる．

4.1.2 ダルシーの法則

　図4.2(a)に示すような一種の連通管の一方に砂を入れ，全体を水で満たし，砂の入っていない方の管を Δh だけ下げてみる．すると，左から右に向かって水が流れるので，下げた管の上部からは水があふれる．土の入った方の管には上から水を補給し，水位は常に一定に保つようにする．

　ダルシー(Darcy, 1865)はこのような実験を行い，土の柱の長さを L，断面積を A とすると，t 時間に右の管から流出する水の量(すなわち砂を通って流れる水の量) Q は次の式で表すことができることを発見した．

$$Q = k \frac{\Delta h}{L} A t \tag{4.2}$$

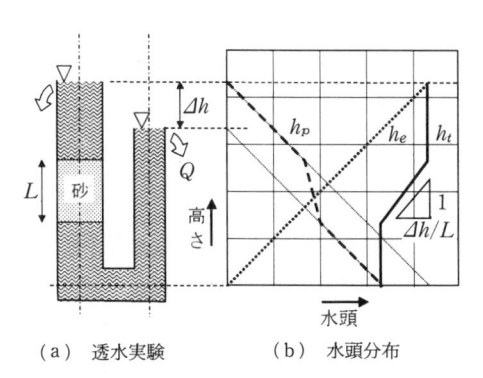

(a) 透水実験　　(b) 水頭分布

図 4.2 ダルシーの実験

ここで，k は土によって変わる比例定数で，透水係数 (coefficient of permeability) と呼ばれる．

図 4.2(b)は連通管の左側における鉛直方向の水頭の分布を示したものである．位置水頭は任意の基準点からの高さである．圧力水頭は水面においてゼロ，静水圧を示す水中部分では水面からの深さである．両者を足して全水頭を求めると，土柱の上下の水中においてはそれぞれ一定値をとるが，長さ L の土中部分で全水頭に勾配が生じることになる．この勾配を動水傾度 (hydraulic gradient)（または動水勾配）と呼び，次式で与えられる．

$$i = \frac{\Delta h}{L} \tag{4.3}$$

式 (4.2) の両辺を At で割ると，左辺は単位面積を単位時間あたりに通過する水の量，すなわち速度を表す．式 (4.3) の関係を用いると，式 (4.2) は

$$v = k \cdot i \tag{4.4}$$

という簡単な式で表すことができる．流れの速度 v は動水傾度 i に比例するという関係はダルシーの法則 (Darcy's law) と呼ばれている．ダルシーの法則は動水傾度がある限度を越えるとなりたたなくなる．これは間隙を流れる水が乱流となるためであるといわれる．

図 4.2(a)の左側の流路に沿った水圧分布は静水圧ではない．いま下流側の水面においてゼロとした静水圧分布を基準にとると，土中の間隙水圧および上流側の水中の圧力は静水圧より大きな値を示している．このような静水圧より大きな間げき水圧のことを過剰間げき水圧 (excess pore water pressure) と呼んでいる．すなわち過剰間げき水圧 u は

$$u = u_w - u_{w0} \tag{4.5}$$

である．ここで，u_w は間げき水圧を，u_{w0} は静水圧を示す．

式 (4.5) は実は式 (4.1) と等価な式である．式 (4.5) の両辺を水の単位重量 γ_w で割ると，右辺の第一項は圧力水頭を，第二項は位置水頭を表している．位置水頭の基準点は任意であるが，静水圧の水面も任意の位置にとることが可能である．したがって，過剰間げき水圧を水の単位重量で割った u/γ_w は全水頭と同じ意味をもつ．

上で土柱の上下の水中における水圧は静水圧といったが，これでは静水圧中

を水が流れることになり，一見矛盾があるようにみえる．これは水中部分における水圧分布においても実際にはわずかな動水勾配が生じており，土柱部分に比べて無視できるほど小さいという意味である．水中部分においても仮にダルシーの法則がなりたつと考えると，その透水係数は土に比べてはるかに大きく，土柱部と同じ流量を維持するためにはその動水傾度は非常に小さいものでなければならないからである．

式 (4.4) における流れの速度 v の物理的意味を考えてみよう．この速度は単位時間の流量 Q を土全体の断面積 A で割ったものである．断面積 A の中には，本来水が流れる間げき部分だけでなく，土粒子部分も含まれているので，土の断面全体を水が流れると考えた場合の，いわゆる見掛けの速度である．この速度のことを流量速度 (velocity of flow) (v_d) と呼ぶ．

これに対して，土中の間げき部分を実際に流れる水の速度は，本当は場所によって異なるが，間げき部分の断面積を nA (n は間げき率) とすると，平均的な速度として

$$v_s = \frac{Q}{nA} = \frac{v_d}{n} \tag{4.6}$$

と表すことができる．v_s のことを浸透速度 (seepage velocity) と呼ぶことがある．

4.1.3 透水係数

透水係数は流量速度と動水傾度の間の比例定数である．動水傾度は無次元量であるので，透水係数は速度と同じ次元を持つ．土粒子が大きいほど間げきの大きさが大きくなるので透水係数は大きい．これは透水係数が細い間げき部分を流れる水の粘性抵抗によるからである．たとえば，直径 d の円管内を流れる水の速度は，図 4.3 に示すように管壁ではゼロ，中心で最大値の放物線分布

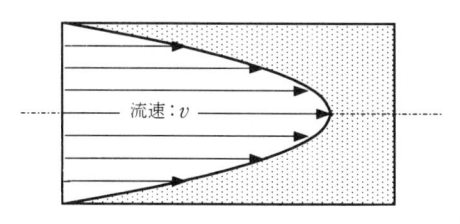

図 4.3 円管内の流れ

表 4.1 代表的な土の透水係数[4]

透水係数 k (cm/s)

	10^{-9}　10^{-8}　10^{-7}　10^{-6}　10^{-5}　10^{-4}　10^{-3}　10^{-2}　10^{-1}　10^{0}　10^{+1}　10^{+2}			
透水性	実質上不透水	非常に低い	低い	中位 　　　　　　　高い
対応する土の種類	粘性土	微細砂，シルト 砂―シルト―粘土混合土		砂および礫　　　清浄な礫
透水係数を直接測定する方法	特殊な変水位透水試験	変水位透水試験	定水位透水試験	特殊な定水位透水試験
透水係数を間接的に測定する方法	圧密試験結果から計算	なし		清浄な砂と礫は粒度と間げき比から計算

を示す．流量は放物線回転体の体積となり，それは円管の直径の 4 乗に比例する．円管の断面積は直径の 2 乗に比例するので，単位面積あたりの流量は円管の直径の 2 乗に比例する．粒径と間げきの大きさをほぼ同じと仮定すると，透水係数は土粒子の粒径の 2 乗に比例すると考えることができる．

いろいろな土の透水係数の値を**表 4.1** に示した．透水係数は土質により大きな違いがあることがわかる．粘土と礫の透水係数にはおよそ 10^8 程度の違いがあり，これは粒径の比，10^4（粘土＝1μ，れき＝1cm と仮定）の 2 乗に相当する．また粒径のそろった砂の透水係数として，次のヘーゼン (Hazen) の実験式がある．

$$k = D_{10}^2 \tag{4.7}$$

ただし，D_{10} は 10% 有効径（単位 mm），k の単位は cm/s である．この場合も透水係数は粒径の 2 乗に比例している．

例題 4.1

図は粘土層（層厚 2.5m）とシルト層（層厚 0.5m）の水平な互層地盤の一部分である．粘土およびシルトの透水係数はそれぞれ $k_c = 10^{-6}$ cm/s, $k_s = 10^{-4}$ cm/s である．水流が水平方向と鉛直方向のそれぞれの場合について，地盤全体の等価な透水係数を求めよ．

4.1 ダルシーの法則　69

シルト層
(層厚0.5m)

粘土層
(層厚2.5m)

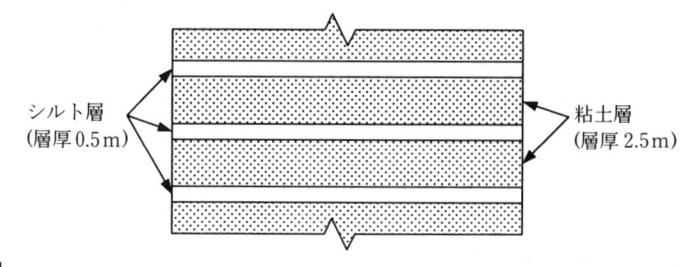

【解答】

〈水平方向の浸透流〉

j 番目の層(厚さ L_j, 透水係数 k_j)の単位奥行きあたりの流量 q_j は

$$q_j = k_j \cdot i \cdot L_j \tag{1}$$

水平方向の動水傾度 i は，すべての層で等しい．全層(透水係数 k_x)の単位奥行きあたり流量 q_x は式(1)より

$$q_x = \sum q_j = i\sum(k_j \cdot L_j) = k_x \cdot i \cdot \sum L_j \tag{2}$$

式(2)から

$$k_x = \frac{\sum(k_j \cdot L_j)}{\sum L_j} = \frac{10^{-6} \cdot 250 + 10^{-4} \cdot 50}{250 + 50} = 1.75 \times 10^{-5} \text{cm/s}$$

〈鉛直方向の浸透流〉

すべての層で流量 q_j は等しいという関係を用いる．j 番目の層の動水傾度は

$$i_j = \frac{\Delta h_j}{L_j} \quad (\Delta h_j \text{ は，} j \text{層内の水頭差})$$

j 層内の単位面積あたりの流量は

$$q_j = k_j \cdot i_j = \frac{k_j \cdot \Delta h_j}{L_j} \tag{3}$$

一方，全層の平均動水傾度は

$$i = \frac{\sum \Delta h_j}{\sum L_j}$$

よって等価な透水係数 k_z をとすれば，単位面積あたりの流量は

$$q = k_z \cdot i = \frac{k_z \sum \Delta h_j}{\sum L_j} \tag{4}$$

式(3)より

$$\Delta h_j = \frac{L_j}{k_j} q \rightarrow \sum \Delta h_j = \sum \left(\frac{L_j}{k_j}\right) \cdot q \tag{5}$$

式(4),(5)より

$$k_z = \frac{\sum L_j}{\sum \left(\frac{L_j}{k_j}\right)} = \frac{250 + 50}{\frac{250}{10^{-6}} + \frac{50}{10^{-4}}} = 1.2 \times 10^{-6} \text{cm/s}$$

以上の結果より，水平方向の透水係数の方が鉛直方向よりはるかに大きいことがわかる．これは透水性のよいシルト層の存在によるもので，水平方向の透水の場合には大部分の水は透水性のよいシルト層を流れるのに対し，鉛直方向の透水の場合には水はかならず粘土層を通過しなければならないことによる．

4.2 透水試験法

透水係数を実験室内で求めるには，定水位透水試験と変水位透水試験の二つの方法がある．その透水係数の大きさに応じて，どちらかを選択する．

4.2.1 定水位透水試験

砂のように透水係数の大きな土に対して行う試験で，ダルシーの実験(図 4.2(a))と同じ方法である．すなわち，断面積 A の容器に高さ L の土を入れ，その上下に全水頭差 Δh を与えた状態で，t 時間の流量 Q を測定する．式 (4.2) より，透水係数 k は

$$k = \frac{Q}{\frac{\Delta h}{L} A t} \tag{4.8}$$

で求めることができる．供試体上下の水位が一定に保たれるので，この方法は定水位透水試験 (constant head permeability test) と呼ばれる．

4.2.2 変水位透水試験

透水係数の小さな土に対しては，図 4.2(a) の方法で透水試験を行っても，流量はわずかであり，この方法では測定が困難である．そこで，図 4.4 のような

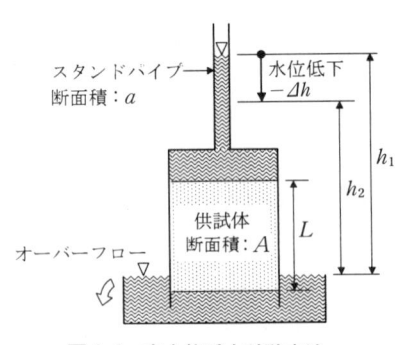

図 4.4 変水位透水試験方法

装置を用いて，供試体の上部に取付けた断面積 a の細管内の水位の時間的な低下を測定する．この方法は水位差が一定ではないので，変水位透水試験 (falling head permeability test) と呼ばれる．透水係数は次のようにして求める．

いま，Δt 時間に細管の水位 ($=$ 供試体上下の全水頭差) が h_1 から h_2 ($=h_1+\Delta h$) の位置まで変化したとする (ただし，鉛直上方を正とするので，Δh は負となる) と，その間に下方に流れた水の流量は $-a\Delta h$ であり，ダルシーの法則より次式がなりたつ．

$$-a \cdot \Delta h = k\frac{h}{L}A \cdot \Delta t \tag{4.9}$$

ただし，A は試料の断面積である．上式を試験開始 (時間$=t_1$，水位$=h_1$) から試験終了 (時間$=t_2$，水位$=h_2$) まで積分すると，

$$-a\int_{h_1}^{h_2}\frac{1}{h}dh = \frac{kA}{L}\int_{t_1}^{t_2}dt \tag{4.10-a}$$

したがって，透水係数は

$$k = \frac{aL}{A(t_2-t_1)}\ln\left(\frac{h_1}{h_2}\right) \tag{4.10-b}$$

が得られる．通常，透水係数が 10^{-3}cm/s 以下の場合は変水位透水試験を用いる．

例題 4.2

図に示すような変断面の透水試験を行った．M-N 断面の位置水頭，圧力水頭および全水頭の分布を求め，図示せよ．

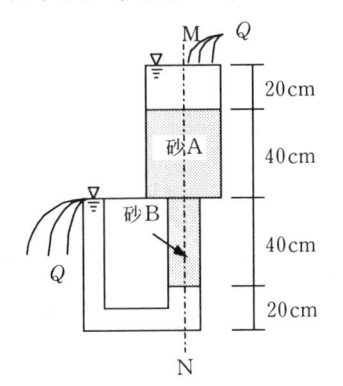

	断面積 (cm²)	透水係数 (cm/s)
砂 A	200	0.10
砂 B	100	0.05

【解答】 砂 A，砂 B のそれぞれの区間の水頭差をそれぞれ Δh_A，Δh_B とすると，それぞれの部分を流れる流量 Q_A，Q_B はダルシーの法則 $Q=kiA$ より，

$$Q_A = 0.10 \times \frac{\Delta h_A}{40} \times 200 = 0.5\Delta h_A$$

$$Q_B = 0.05 \times \frac{\Delta h_B}{40} \times 100 = 0.125\Delta h_B$$

砂 A と砂 B における流量は等しい($Q_A = Q_B$)ので,

$$\Delta h_A = 0.25\Delta h_B \tag{1}$$

図のような鉛直方向の座標をとると,砂 A の上端の全水頭 h_{tu},砂 B の下端の全水頭 h_{tl} は,

$$h_{tu} = h_e + h_p = 100 + 20 = 120\,\mathrm{cm}$$

$$h_{tl} = h_e + h_p = 20 + 40 = 60\,\mathrm{cm}$$

よって,砂 A と B 全体の水頭差 Δh_{ab} は,

$$\Delta h_{ab} = h_{tu} - h_{tl} = 60\,\mathrm{cm} \quad \therefore \quad \Delta h_A + \Delta h_B = 60\,\mathrm{cm} \tag{2}$$

(1),(2) 式から $\Delta h_A = 12\,\mathrm{cm}$,$\Delta h_B = 48\,\mathrm{cm}$

単位 (cm)

標高	位置水頭 h_e	圧力水頭 h_p	全水頭 h
120	120	0	120
100	100	20	120
60	60	48	108
20	20	40	60
0	0	60	60

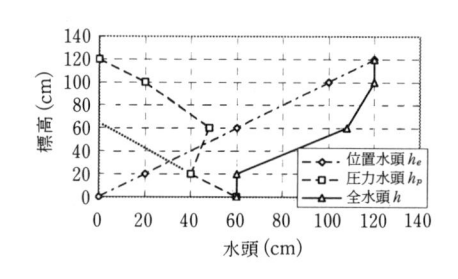

4.3 浸透力

水中を沈降する土粒子が水の抵抗を受けるように (1.2.3 項),浸透流の場合も間隙を通って流れる水の粘性により,土粒子は力を受ける.この力は浸透力 (seepage force) と呼ばれる.浸透力は土粒子一つ一つに作用するので,重力と同様の物体力と考えた方が都合がよい.

図 4.5 に示すような上向き浸透流の場合の浸透力を考えてみよう.土柱の上下面に働く水圧は図 4.6(a)のようになる.同図(b)は静水圧分布(すなわち水が流れていない状態)に土柱がある場合の上下面に働く水圧である.(a)の力から(b)の力を引くと,(c)が浸透流によって生じる力である.水の速度は土中のどこでも等しいので,浸透力も一様である.したがって単位体積あたりの浸透力は

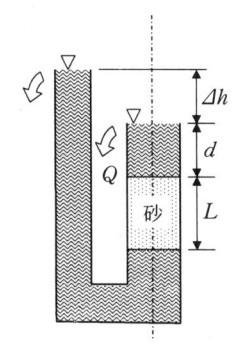

図4.5 上向き浸透流実験

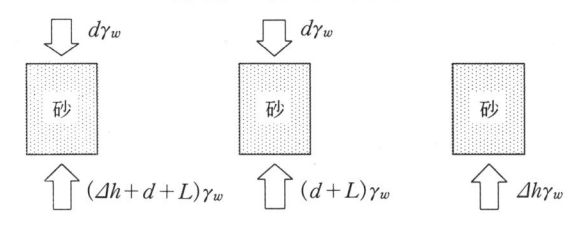

(a) 全水圧　　(b) 静水圧　　(c) 浸透流による水圧
図4.6 上向き浸透流時の水圧

$$j = \frac{\Delta h \gamma_w}{L} = i \cdot \gamma_w \tag{4.11}$$

となり，動水傾度に水の単位体積重量を掛けたものに等しい．式(4.11)の関係は水流が下向きや，水平方向の場合にもなりたつ．

　浸透力が働くことによる土中の有効応力の変化を考えてみよう．浸透力は物体力であるので，土の水中単位体積重量と同様に扱うことができる．したがって図4.5のように上向きの浸透流がある場合においては，土の単位体積あたりに働く力は，水の流れがない静水圧時の鉛直下向き力，$\bar{\gamma}\,(=\gamma-\gamma_w)$に，上向き浸透力 $-i\gamma_w$ を加えればよい．土の表面から深さ z のところの鉛直有効応力は

$$\bar{\sigma}_v = (\bar{\gamma} - i\gamma_w)z \tag{4.12}$$

となる．浸透流が下向きの場合は式(4.12)の負の符号を正にすればよい．浸透流が下向きの場合はとくに問題はないが，上向きの場合は動水傾度が

$$i_{CR} = \frac{\bar{\gamma}}{\gamma_w} = \frac{\rho_s - \rho_w}{(1+e)\rho_w} \tag{4.13}$$

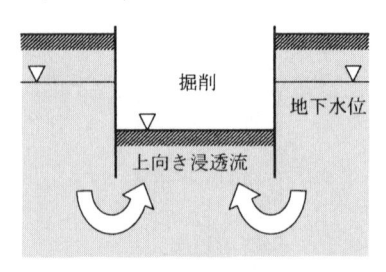

図 4.7 根切り工事における浸透流

に達すると，有効応力はゼロとなり，土粒子は相互の粒子間力を失うので，液体のようになってしまう．事実，図 4.5 のような実験を行い，動水傾度を式 (4.13) の値よりわずかに大きくすると，管内の土はちょうど水が沸騰したような対流運動を始める．このような現象をボイリング (boiling) あるいはクイックサンド (quick sand) と呼んでいる．また，式 (4.13) の動水傾度のことを限界動水傾度と呼んでいる．図 4.7 のように山留め壁の内側を掘削すると，山留め壁先端の内側において上向き浸透流が起こる．このとき上向き動水傾度が限界動水傾度を越えると，土がボイリングを起こし，山留め壁を支えることができなくなって，大事故につながることがある．

練習問題 4

1. 図 4.2 に示す装置において，透水係数が $0.1\,\mathrm{cm/s}$ の砂（断面積 $A=150\,\mathrm{cm^2}$，厚さ $L=20\,\mathrm{cm}$）を用いて透水実験を行った．全水頭差を $\Delta h=40\,\mathrm{cm}$ としたときの単位時間あたりの流量 Q を求めよ．

2. 図 4.2 に示すような定水位透水試験を行ったところ，以下の測定値が得られた．この土の透水係数を求めよ．

    試料の高さ：$L=12.00\,\mathrm{cm}$，試料の直径：$D=10.00\,\mathrm{cm}$

    水位差：$h=15.0\,\mathrm{cm}$，測定時間：$t=180\,\mathrm{s}$，透水量：$Q=485\,\mathrm{cm^3}$

3. 図 4.4 に示すような変水位透水試験を行ったところ，以下の測定値が得られた．この土の透水係数を求めよ．

    試料の高さ：$L=12.00\,\mathrm{cm}$，試料の直径：$D=10.00\,\mathrm{cm}$

    スタンドパイプの内径：$d=5.0\,\mathrm{mm}$

    時刻 t_1 における水位差：$h_1=135.3\,\mathrm{cm}$，測定時刻：$t_1=14$ 時 45 分 00 秒

    時刻 t_2 における水位差：$h_2=103.4\,\mathrm{cm}$，測定時刻：$t_2=16$ 時 31 分 00 秒

第5章

土の圧縮性と圧密

建物の下の地盤が建物の荷重を受けて圧縮すると建物は沈下するので，土の圧縮性を知ることは大切である．土は荷重を受けるとすぐに圧縮する場合もあるが，長期間にわたってゆっくり圧縮することがある．建物が完成してから何年も後に沈下が大きくなって問題を起こすことがある．圧縮の時間的遅れは間げき水の流出に時間がかかるからであり，このような圧縮を圧密と呼んでいる．

　したがって圧密は圧縮という現象の中の特殊なケースである．圧密といえども全応力から間げき水圧を引いた有効応力で整理すれば，土に働く有効応力と体積変化の関係は一義的であり，同じルールで扱うことができる．

5.1 土の圧縮性

土は土粒子,水,空気からなるので,それぞれの物質は圧縮応力を受けると圧縮するが,空気を除く土粒子と水の圧縮性は低い。空気の圧力と体積はボイルの法則に従うので,不飽和土の圧縮性は一般に高いが,飽和土の圧縮性は土粒子と水の圧縮性で決まる。**表5.1**に土粒子を構成する代表的な鉱物の圧縮率を示した。圧縮率とは圧縮応力の増加量 $\Delta\sigma$ に対する体積圧縮ひずみ ($\Delta V/V$) の比である。土粒子鉱物の圧縮率,m_s は無視できるほど小さいが,水の圧縮率も $48\times10^{-5}\mathrm{mm^2/N}$ であり,鉱物よりわずかに大きいだけである。

一方,土の骨格構造の圧縮率,m_v は土粒子間の相対的なすべりや回転によって,間げきの体積が減少する場合の圧縮率である。これは土粒子鉱物の圧縮性に比べるとはるかに大きい。**表5.1**には代表的な土の,有効応力が100 $\mathrm{kN/m^2}$ における圧縮率を示した。一般に間げき比の大きい粘性土の圧縮率が大きい。

いま,体積 V_0 の飽和土が等方的な圧力 $\Delta\sigma$ を受けた状態において,間げき水圧の上昇量 Δu を推定してみよう。土粒子の骨格構造の圧縮率を m_v とすると,有効応力の増加 ($\Delta\bar{\sigma}=\Delta\sigma-\Delta u$) による体積減少量は次のようになる。

$$\Delta V_v = m_v(\Delta\sigma - \Delta u)V_0 \tag{5.1}$$

表5.1 $p=100\mathrm{kN/m^2}$ における代表的鉱物の圧縮率(係数)

物　質	圧縮係数($\times 10^{-5}\mathrm{mm^2/N}$)		m_v/m_s
	m_v	m_s	
石英質砂岩	5.8	2.7	2.1
花こう岩	7.5	1.9	3.9
大理石	17.5	1.4	12.5
コンクリート	20.0	2.5	8.0
密な砂	1800	2.7	667
ゆるい砂	9000	2.7	3330
過圧密粘土(洪積)	7500	2.0	3750
正規圧密粘土(沖積)	60000	2.0	30000

(m_v:体積圧縮係数,　m_s:実質部の圧縮係数)

一方，水の圧縮率を m_w とすると，間げき水の体積減少量は

$$\Delta V_w = m_w \cdot \Delta u \cdot n \cdot V_0 \tag{5.2}$$

である．ここで n は間げき率である．体積 V_0 の土塊内から間げき水の流出はない（このような状態を非排水条件という）とすると，$\Delta V_v = \Delta V_w$ がなりたつので，間げき水圧の上昇量 Δu は

$$\Delta u = \frac{1}{1 + n \dfrac{m_w}{m_v}} \Delta \sigma \tag{5.3}$$

となる．上式中の m_w/m_v は非常に小さいので，これを無視すると，$\Delta u = \Delta \sigma$ となり，作用した全応力に等しい間げき水圧が発生することになる．

非排水条件の場合には体積減少量は間げき水と土粒子鉱物の圧縮量であるので，その量は小さく，一般には土の圧縮量は無視できる．土の圧縮すなわち骨格構造の圧縮は間げきの体積の減少によるので，飽和土の場合は間げき水の流出が必要である．この間げき水の流出が可能か否かは，実際の地盤の圧縮に関して大事な問題である．

間げき水の流れは全水頭（あるいは過剰間隙水圧）の勾配に起因するので，建物直下の地盤のように建物荷重による地盤内応力が一様でない場合には，過剰水圧は一様でなくなり，浸透流が起こる．そのときの流量は土の透水係数に比例するので，粘土のように透水係数の小さい土では，間げき水が流出するのに長い時間がかかり，圧縮するにも長時間を要する．このように，間げき水の流出によって生じる土の圧縮を，とくに圧密（consolidation）と呼んでいる．だから圧密とは圧縮という現象の一形態である．

土の圧密現象を図5.1(a)のようなモデルを使って模式的に説明してみよう．剛な容器内のピストンが容器の底にばねで連結されている．内部は水で満たされており，ピストンには小さい穴があいている．このピストンに荷重 P を加えると，ピストンの小孔から水が吹き出し，ピストンは下降する．やがて水の流出は止り，ピストンも停止する．この現象を少しくわしくみてみよう．

荷重 P は常にばねと水圧で支えている．ばねはその性質からばねの受けもつ荷重と圧縮量は比例する．荷重を載せた瞬間は内部の水はまだ流出していないので，ばねは圧縮せず，荷重は受けもっていない．したがって，荷重 P は

図5.1 圧密現象

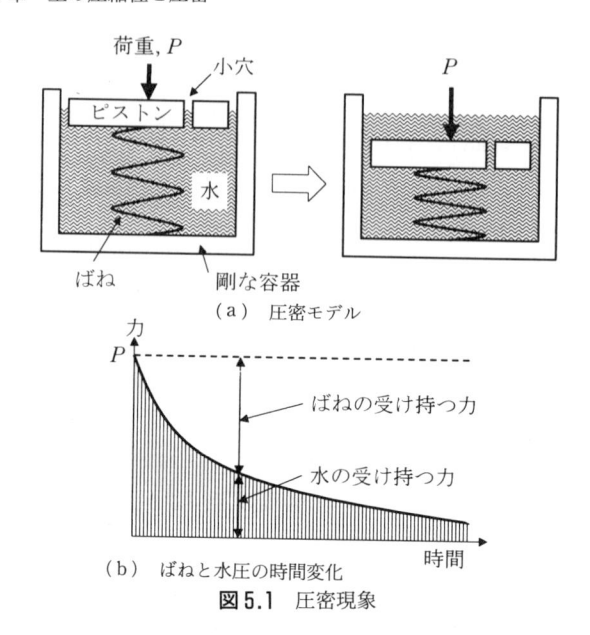

(a) 圧密モデル
(b) ばねと水圧の時間変化

すべて水圧で支持されていることになる．水の流出に伴ってばねは圧縮し，荷重を負担するようになる．最終的には水の流れはなくなるので，水圧は荷重を載せる前の状態に戻る．この段階では荷重Pはすべてばねが支えることになる．ばねの軸力と水圧の時間変化は**図5.1(b)**のように表すことができる．

上のモデルにおいてばねを土の骨格構造に，容器内の水を間げき水に，ピストンの小孔を土の透水係数に置き変えると，このモデルは土の圧密現象を再現している．

非排水状態においては全応力の増加は過剰水圧の増加と等しく，全応力が一定のもとでは，圧密の進行に伴って過剰水圧の減少とともに有効応力が増加していく．したがって圧密現象とは過剰間げき水圧が有効応力に置き変わる過程と理解することができる．

5.2 圧密試験

水平地盤上の広い範囲に荷重が働いた場合には，土の圧縮や水の流れは鉛直方向のみに起こるので，このような状態を再現した圧密試験 (consolidation test) として標準圧密試験がある．**図5.2(a)**に示すように剛なリング内に土を

5.2 圧密試験

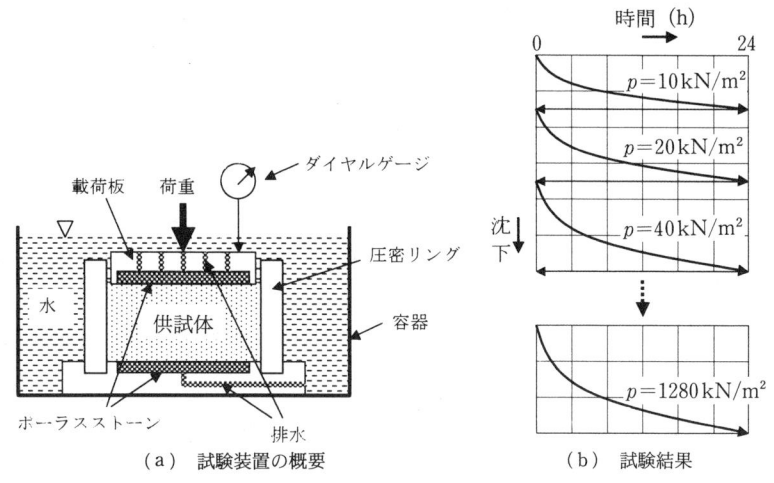

図5.2 圧密試験
(a) 試験装置の概要
(b) 試験結果

入れ，上下から圧縮力を加える．上下の載荷板にはポーラスストーンという透水性の高い材料が組み入れられており，この面を通して排水が行われる．通常は鉛直荷重を一定に保ち，上の載荷板の沈下量を測定する．標準試験では載荷は24時間行われ，その後，荷重を増加してふたたび圧密を行う．図5.2(b)に沈下量の計測結果の例を示した．おのおのの曲線は図5.1(b)と似た挙動を示す．このような土の圧密挙動の中で，次の二点が重要な問題である．

① 有効応力と圧縮量の関係

　過剰水圧の消散が終って，上載荷重がすべて有効応力に置き変わったとき（たとえば24時間後）の圧縮量と有効応力の関係である．これは最終的にどれだけの沈下量が生じるかを推定するのに必要である．

② 時間と圧縮量の関係

　圧縮量は時間の関数であるので，最終沈下量あるいはその90％が起こるのにどれだけの時間が必要であるかという問題に対して必要である．

　ここでは①の関係について触れ，②の問題については「5.4 圧密理論」で扱う．

　標準圧密試験では土の圧縮は鉛直一次元方向にのみ起こり，水平方向のひずみはゼロである（すなわち K_0 状態である）．したがって，鉛直応力と水平応力は等しくなく，上で述べた有効応力とは鉛直方向の応力である．等方応力によ

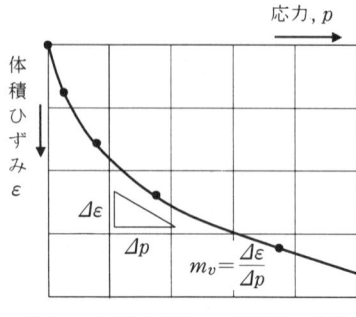

図 5.3 圧縮ひずみ〜有効応力関係 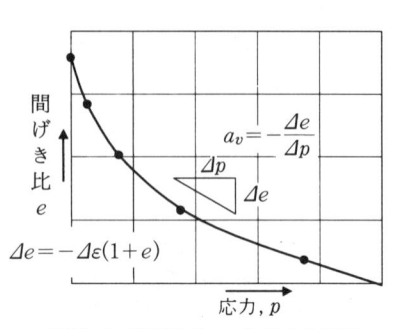　　**図 5.4** 間げき比〜有効応力関係

る圧密も現実には起こりうるし，またそれは一次元圧密と異なる点もあるが，三次元的な問題はここでは扱わないことにする．

一次元圧密では，載荷板の沈下量 d と試料の初期高さ h_0 の比は体積ひずみ ε を表す．いま横軸に上載応力，p（すなわち過剰水圧が消散したときの有効応力），縦軸に体積ひずみ，ε をとって，**図 5.2(b)** の最終状態を表す点をプロットすると**図 5.3** のようになる．この曲線の傾き

$$m_v = \frac{\Delta \varepsilon}{\Delta p} \tag{5.4}$$

を体積圧縮係数 (coefficient of volume compressibility) と呼んでいる．ふつう，体積圧縮係数は応力の増加とともに減少する．体積圧縮係数は応力の逆数の次元 $[F^{-1}L^2]$ をもっている．

次に，体積ひずみの代わりに間げき比を用いてみよう．間げき比が e から Δe だけ変化すると，その間の体積ひずみの変化は

$$\Delta \varepsilon = -\frac{\Delta e}{1+e} \tag{5.5}$$

となる．ここでマイナスの符号を付けた理由は，体積ひずみは圧縮を正に取る一方，間げき比が増大することは膨張を意味するからである．**図 5.3** の縦軸を間げき比に置き変えると**図 5.4** のようになる．この曲線の傾き

$$a_v = -\frac{\Delta e}{\Delta p} \tag{5.6}$$

を圧縮係数 (compression coefficient) と呼び，体積圧縮係数とは $a_v = m_v(1+e)$ の関係にある．

図5.4の横軸を対数目盛で表すと，図5.5のように$e \sim \log p$関係はほぼ直線となる．この直線の傾き

$$C_c = -\frac{\Delta e}{\Delta \log p} \tag{5.7}$$

は圧縮指数(compression index)と呼ばれ，鉛直応力の大きさに関係なく一定である．式(5.4)～(5.7)より，体積圧縮係数と圧縮指数との間には

$$m_v = \frac{a_v}{1+e} = \frac{C_c}{1+e}\frac{d}{dp}\log p = \frac{0.434 C_c}{(1+e)p} \tag{5.8}$$

のような関係がある．したがって，体積圧縮係数は有効応力に反比例する．

現実の地盤のある深さから乱さない土を採取して上のような圧密試験を行うと，$e \sim \log p$は通常，図5.6のような折れ点をもつ曲線となる．折れ曲がり点Mを境に勾配が異なる二つの直線とみることができる．このような折れ点の応力，p_yのことを圧密降伏応力(consolidation yield stress)と呼んでいる．これは，$e \sim \log p$曲線はいわば応力とひずみの関係であるので，この点は一種の降伏点に相当するからでる．この点の意味は次のように考えられている．

いま，荷重を単調に増加した場合，$e \sim \log p$関係が図5.7の直線AB上を経過して圧縮してきたとする．B点に達したときに荷重をいったん除荷し，ふたたび載荷すると，$e \sim \log p$関係はAB上を往復せずに，BCDのようになる．除荷，再載荷のときの体積変化は，同じ応力変化に対して生じたAB上の体積変化よりはるかに少ないからである．

そして，さらに荷重を増やし，D点を過ぎると，ふたたびABと同じ直線上をたどることになる．このCDEの曲線は図5.6の折れ線と同じ意味をもっ

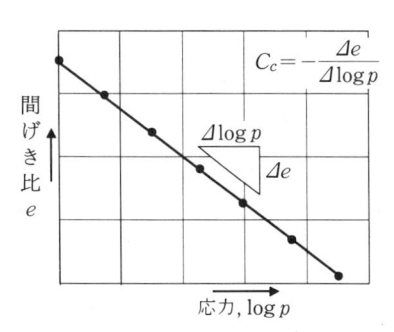

図5.5 $e \sim \log p$ 曲線

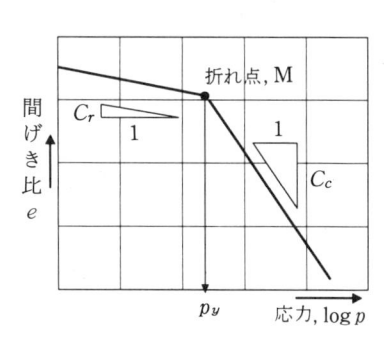

図5.6 圧密降伏応力

図 5.7 圧密応力履歴

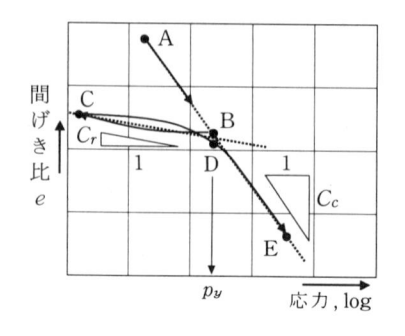

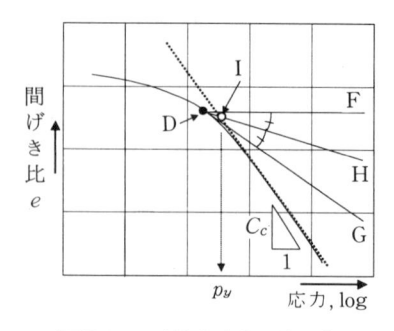

図 5.8 圧密降伏応力の決め方

ている．すなわち，この土は地中で図 5.7 の B 点の状態まで圧密されていたものを地上にもってくることにより，C 点の位置まで応力が解除され，そこから圧密試験を始めたわけである．

したがって，図 5.6 の M 点の意味はその土が過去に受けていた最大の応力である．この意味で p_y のことを圧密先行荷重 (pre-consolidation stress) と呼ぶことがある．最近の研究によると，長期にわたって受けた荷重により p_y は増加することがわかってきた．したがって，正確には過去に受けた最大の荷重という意味の圧密先行荷重よりは圧密降伏応力と呼ぶ方が適当と考えられている．

直線 AB はその土に固有の直線であって，過去に受けた荷重以上の荷重で圧密する場合には必ずこの直線上を通る．直線 AB はその土がある応力で取りうる最大の間げき比を連ねたもので，この直線より上の状態は存在しない．

水中で堆積した土は，海底 (または湖底) においては応力ゼロであるが，その上部にさらに土が堆積することにより，応力は単調に増加し，AB 上を通って次第に密になる．このような応力の過程を受けて，現在地中で AB 直線上にある状態を正規圧密 (normal consolidation) という．正規圧密粘土では現在の土被り圧，p_0 と圧密降伏応力，p_y とは一致している．

ところが現在の土被り圧と圧密降伏応力とが一致しない土がある．たとえば，正規圧密状態にある土の上部を取り去ったとすると，そのときの土被り圧は過去に受けた最大の荷重より小さくなる．このように，$p_0 < p_y$ の状態を過圧密 (over-consolidation) といい，この圧力比を過圧密比 (over-consolidation ratio 略して，OCR）と呼ぶ．正規圧密土でも，サンプリングにより地上に取り出した土は過圧密になっている．

圧密試験を行って $e \sim \log p$ 曲線を描くと，通常は明確な折れ曲がり点はえられず，図 5.8 のようになだらかなカーブを描く．圧密降伏応力を決めるために，カサグランデ（Casagrande）は次の方法を提案した．図 5.8 において，曲率が最大の点 D を通る水平線 DF と，D 点を通る接線 DG の二等分線 DH を引き，正規圧密曲線の延長線と直線 DH との交点 I を求める．I 点の横座標を圧密降伏応力とするものである．この方法は長く使われてきたが，縦軸 e の目盛の取り方により，p_y に差が生じるので便宜的な方法と理解すべきである．一般に，サンプリングにより，粘土試料は乱されるが，乱れの程度が大きいほど折れ曲がり点は明瞭でなくなる．

過圧密状態の $e \sim \log p$ 曲線の傾き，C_r は除荷時，再圧縮時でほぼ等しく，その値は C_c（圧縮指数）より一桁小さい．したがって，過圧密状態における圧縮量や膨張量は正規圧密状態に比べて極めて小さくなる．

圧密降伏応力，p_y は過去に受けた最大の上載荷重と考えてよいので，現在の有効上載圧，σ_0 より小さいことは起こりえない．しかし，土の単位重量と地下水位から推定した現在の有効上載圧が，圧密降伏応力を上回ることがある．これは，盛土荷重や地下水位の低下による圧密が現在進行中の場合で，過剰間げき水圧が残っており，推定した有効上載圧を過大評価したためである．間げき水圧を正く測定できれば，このような場合は $\sigma_0 = p_y$ となるはずであるが，間げき水圧を測定していないときには，上のように $\sigma_0 > p_y$ と誤った予測をすることになる．このように一見，現在の有効応力が圧密降伏応力より大きい粘土は圧密途中にあるので，圧密未了粘土と呼ばれる．

例題 5.1

内径 60.00 mm，高さ 20.00 mm の粘土の円柱供試体について圧密試験を行ったところ，以下のデータが得られた．$e \sim \log p$ 曲線を描き，圧密降伏応力 p_y および圧縮指数 C_c を求めよ．初期間げき比は $e_0 = 3.074$ である．

載荷段階	圧密圧力 (kN/m²)	供試体高さ (cm)	載荷段階	圧密圧力 (kN/m²)	供試体高さ (cm)
0	0	2.000	5	160.	1.670
1	10.0	1.985	6	320.	1.530
2	20.0	1.972	7	640.	1.403
3	40.0	1.935	8	1280.	1.283
4	80.0	1.830			

【解答】 圧密試験の結果を整理すると以下のようになる.

載荷段階	圧密圧力 (kN/m²)	圧力増分 Δp(kN/m²) ①	供試体高さ (cm) ②	圧密量 ΔH(cm) ③	平均供試体高さ H(cm) ④	圧縮ひずみ $\Delta \varepsilon$ ⑤=③/④ ×100	間げき比* e
0	0		2.000				3.074
		10.0		0.015	1.993	0.753	
1	10.0		1.985				3.043
		10.0		0.013	1.979	0.657	
2	20.0		1.972				3.016
		20.0		0.037	1.954	1.894	
3	40.0		1.935				2.940
		40.0		0.105	1.883	5.58	
4	80.0		1.830				2.720
		80.0		0.160	1.750	9.14	
5	160.		1.670				2.380
		160.		0.140	1.600	8.75	
6	320.		1.530				2.084
		320.		0.127	1.467	8.66	
7	640.		1.403				1.817
		640.		0.120	1.343	8.9	
8	1280.		1.283				1.566

＊ 間隙比の変化 $\Delta e = \Delta \varepsilon (1+e)$

$e \sim \log p$ 関係をプロットすると,次のようになる.

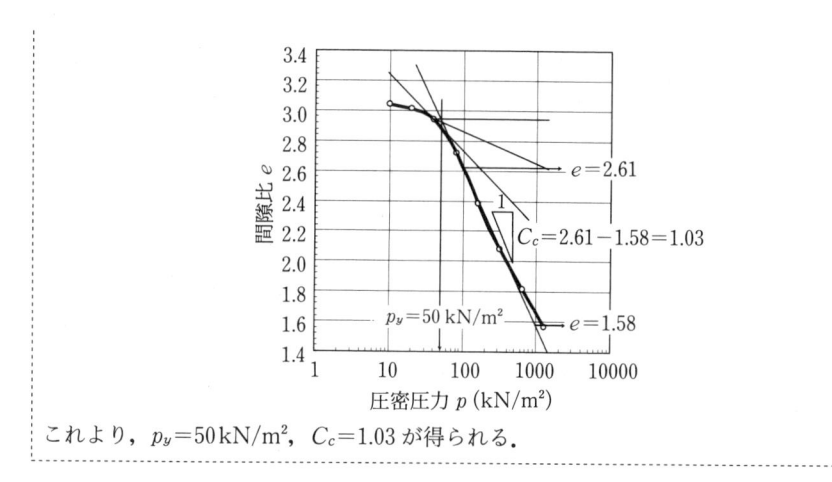

これより，$p_y = 50\,\mathrm{kN/m^2}$，$C_c = 1.03$ が得られる．

5.3 圧密沈下量

粘土の $e \sim \log p$ カーブが決まると，盛土や建物荷重による地中応力増加に対して生じる粘土の圧縮量を計算することができる．いま，有効上載圧が σ_0 の正規圧密粘土の鉛直有効応力が $\varDelta\sigma$ だけ増加したとしよう．圧密が完了した段階で生じる間げき比の変化，$\varDelta e$ は図 5.9(a) より，

$$\varDelta e = C_c \{\log(\bar{\sigma}_0 + \varDelta\sigma) - \log \bar{\sigma}_0\} = C_c \log \frac{\bar{\sigma}_0 + \varDelta\sigma}{\bar{\sigma}_0} \tag{5.9}$$

となる．図 5.3〜5.9 の横軸は圧密終了時の応力であり，過剰水圧はゼロであるので，すべて有効応力である．過圧密粘土の場合の間げき比の変化は，圧密降伏応力にいたる前後で $e \sim \log p$ 曲線の傾きが異なるので，$\varDelta e$ は図 5.9(b)

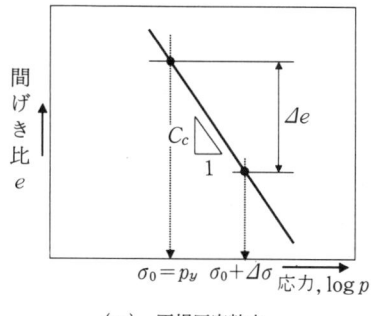

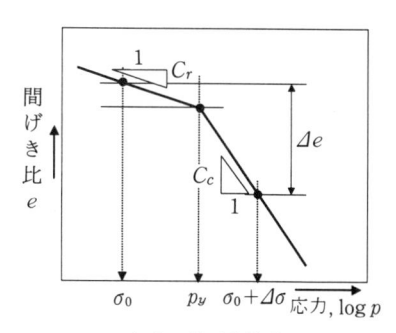

(a) 正規圧密粘土　　　　　(b) 過圧密粘度

図 5.9　間げき比の減少量

より次式のようになる．

$$\Delta e = C_r \log \frac{p_y}{\bar{\sigma}_0} + C_c \log \frac{\bar{\sigma}_0 + \Delta\sigma}{p_y} \qquad (5.10)$$

もし，C_r が C_c に比べて無視できるほど小さい場合は，右辺第二項のみを考慮すればよい．

以上より，初期間げき比が e_0，層厚が H の粘土層の最終沈下量，S_f は

$$S_f = \int_0^H \frac{\Delta e}{1 + e_0} dz \qquad (5.11)$$

となる．間げき比，有効上載圧，有効応力増分が深さとともに異なる場合の式 (5.11) の実用上の計算は，深さ方向にいくつかの層に分割することにより，

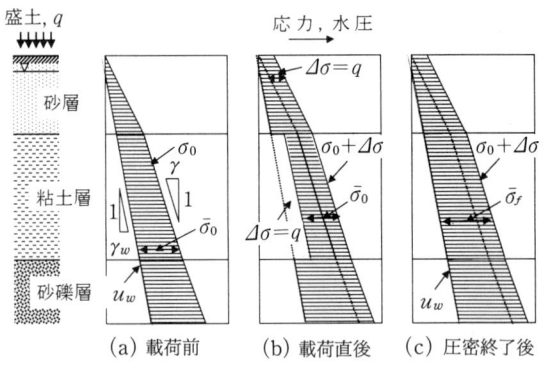

図 5.10 地表に載荷された場合の圧密

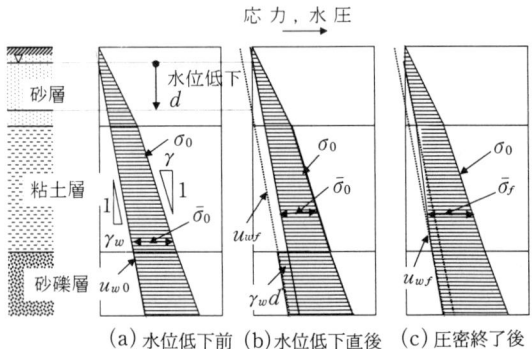

図 5.11 地下水低下による圧密

$$S_f = \sum_{i=1}^{n} \frac{C_c H_i}{1+e_0} \log \frac{\bar{\sigma}_0 + \Delta\sigma}{p_y} \tag{5.12}$$

より，計算できる．ここで，H_i は分割された各層の厚さである．

地表面載荷による地中応力の増加量は，第2章でくわしく述べたので，それに従って計算すればよい．ただし，以上の沈下量計算法は鉛直方向の一次元圧縮を仮定しているので，載荷幅に比べて粘土層厚が薄い場合を対象としている．圧密層が厚い場合は，三次元的な変形をするので，沈下量は一次元の場合より一般的に大きくなる．

図5.10は粘土層の上下を砂層などの透水層ではさまれた地盤の間隙水圧が静水圧分布をしているときに，表面の広い範囲に一様な盛土が行われた場合の，載荷前，載荷直後，圧密終了後の間隙水圧と全応力の分布を示したものである．この場合には，初期有効上載圧は深さにより異なるが，応力増分 $\Delta\sigma$ は深さにかかわらず，一定である．

図5.11は図5.10と同じ地盤について，粘土層下部の砂層の水位が d だけ低下した場合の，水位低下前，水位低下直後，および圧密終了後の間げき水圧と全応力の分布を示したものである．この場合は，圧密終了時において，間げき水圧は静水圧分布をしないので，応力増分は深さ方向に三角形分布をする．

例題 5.2

図に示す地盤は，現在静水圧分布を示している．この地表面に $20 \times 40\,\mathrm{m}$ の範囲にわたって等分布荷重 $q = 150\,\mathrm{kN/m^2}$ が作用する．長方形分布荷重の中心および，隅角部における粘土層の圧密による最終沈下量を求めよ．ただし，地下水位より上部も飽和度は100%とする．粘土層は二層に分けて計算せよ．

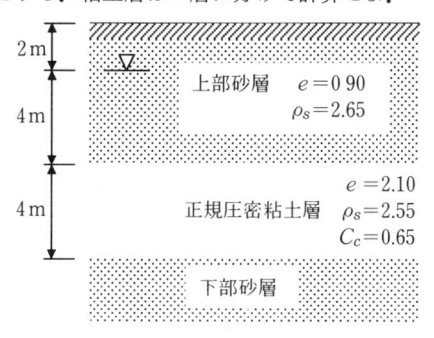

```
  2m  ▓▓▓▓▓▓▓▓▓▓▓▓▓▓▓▓▓▓▓▓
      ▽       上部砂層    e = 0.90
  4m                     ρ_s = 2.65

                              e = 2.10
  4m         正規圧密粘土層   ρ_s = 2.55
                              C_c = 0.65

             下部砂層
```

【解答】 粘土層を第一層（GL－6〜GL－8m，中心－7m）と，第二層（GL－8〜GL－10m，中心－9m）の二層に分割し，それぞれの中心深さの応力を代表値とする．

<地盤の密度>

砂（GL±0〜GL－6m）

$$\rho_1 = \frac{\rho_s + e\rho_w}{1+e} = \frac{2.65 + 0.90 \times 1}{1+0.9} = 1.87 \text{t/m}^3 \quad \gamma_1 = 1.87 \times 10 \text{kN/m}^3$$

粘土（GL－6〜GL－10m）

$$\rho_2 = \frac{\rho_s + e\rho_w}{1+e} = \frac{2.55 + 2.10 \times 1}{1+2.10} = 1.50 \text{t/m}^3 \quad \gamma_2 = 1.50 \times 10 \text{kN/m}^3$$

<載荷前の鉛直有効応力>

GL－7m　　$\overline{\sigma_{z0}} = \sigma_{z0} - u_w = 18.7 \times 6 + 15.0 \times 1 - 50 = 77.2 \text{kN/m}^2$

GL－9m　　$\overline{\sigma_{z0}} = \sigma_{z0} - u_w = 18.7 \times 6 + 15.0 \times 3 - 70 = 87.2 \text{kN/m}^2$

<等分布荷重（20×40m，$q=150 \text{kN/m}^2$）による荷重>

	GL－(m)	辺の長さ	m または n	f_b	q	$\Delta\sigma_z$
中央	7	20	$m=2.857$	0.226	150	$0.226 \times 150 \times 4 = 135.6 \text{kN/m}^2$
		10	$n=1.429$			
	9	20	$m=2.222$	0.209		$0.209 \times 150 \times 4 = 125.4 \text{kN/m}^2$
		10	$n=1.111$			
隅角	7	40	$m=5.714$	0.246		$0.246 \times 150 = 36.90 \text{kN/m}^2$
		20	$n=2.857$			
	9	40	$m=4.444$	0.242		$0.242 \times 150 = 36.30 \text{kN/m}^2$
		20	$n=2.222$			

深さ	$\overline{\sigma_{z0}}$	$\Delta\sigma_z$ (kN/m²)		$\log\left(\dfrac{\overline{\sigma_{z0}}+\Delta\sigma_z}{\overline{\sigma_{z0}}}\right)$	
		中心	隅角	中心	隅角
m	kN/m²				
7	77.20	135.6	36.9	0.44	0.17
9	87.20	125.4	36.3	0.39	0.15
合計				0.83	0.32

<沈下量>

（中心）　$S = \sum \dfrac{C_c}{1+e} \Delta H \cdot \log\left(\dfrac{\overline{\sigma_{z0}}+\Delta\sigma_z}{\overline{\sigma_{z0}}}\right) = \dfrac{0.65}{1+2.10} \times 200 \times 0.83 = 34.8 \text{cm}$

（隅角）　$S = \sum \dfrac{C_c}{1+e} \Delta H \cdot \log\left(\dfrac{\overline{\sigma_{z0}}+\Delta\sigma_z}{\overline{\sigma_{z0}}}\right) = \dfrac{0.65}{1+2.10} \times 200 \times 0.32 = 13.4 \text{cm}$

5.4 圧密理論

5.4.1 テルツァギの一次元圧密理論 (one-dimensional consolidation theory)

ここでは圧密の最終状態にいたるまでの過程を扱う．すなわち，粘土層の圧縮量（または沈下量）を時間の関数として求めることである．鉛直方向の一次元問題に限る点は先と同様である．

一般にこのような変形問題は，「力の釣合い条件」「力と変形の関係」「変形の適合条件」の三つを定式化して解を求める．変形の適合条件はその問題に固有の条件を与えることになる．ここでは，圧密に固有の条件は「間げき水の流出により，土が圧縮する」であるので，ある体積の土塊について，ある時間内に

　　　　流出した水の量＝体積の減少量

の関係を用いる．

いま，図 5.12 に示すように，深さ z の位置に水平断面積 A，高さ Δz の微少要素を考え，この要素から Δt 時間に流出する間げき水の量を求める．深さ z の面を通ってこの要素に流れ込む間げき水の速度を v とすると，$z+\Delta z$ の面を通って流出する間げき水の速度は，$v+\dfrac{\partial v}{\partial z}\Delta z$ になる．z 座標は鉛直下向きに正にとるので，下向きの速度を正とする．鉛直一次元問題を考えているので，浸透流も鉛直方向にのみ起こり，この要素のほかの面を通過する水はない．したがって，Δt 時間に流出する量は

$$間げき水流出量 = \frac{\partial v}{\partial z}\Delta z \cdot A \cdot \Delta t \tag{5.13}$$

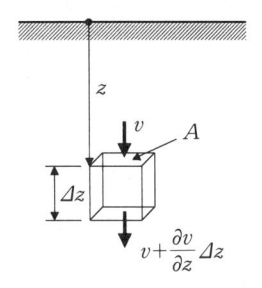

図 5.12　変形の適合条件

となる．土要素の体積ひずみを ε_v とすると，単位時間内の体積ひずみは $\dfrac{\partial \varepsilon_v}{\partial t}$ であり，**図5.12** に示す要素（体積$=A\cdot\Delta z$）の Δt 時間における体積圧縮量は

$$\text{体積圧縮量} = \frac{\partial \varepsilon_v}{\partial t} \Delta t \cdot A \cdot \Delta z \tag{5.14}$$

となる．式 (5.13) と式 (5.14) を等しいと置くと，結局，変形の適合条件式は

$$\frac{\partial v}{\partial z} = \frac{\partial \varepsilon_v}{\partial t} \tag{5.15}$$

と書くことができる．このままでは未知変数が v と ε_v であり解くことができない．そこで「力の釣合い条件」や「力と変形の関係」を用いて，変数を統一する．

力と変形の関係として，体積圧縮係数の定義の式

$$m_v = \frac{d\varepsilon_v}{d\bar{\sigma}} \tag{5.16}$$

を使うと，式 (5.15) 右辺は

$$\frac{\partial \varepsilon_v}{\partial t} = \frac{d\varepsilon_v}{d\bar{\sigma}} \cdot \frac{\partial \bar{\sigma}}{\partial t} = m_v \frac{\partial \bar{\sigma}}{\partial t} \tag{5.17}$$

となる．力の釣合い条件は

$$\sigma = \bar{\sigma} + u_w = \bar{\sigma} + u_{w0} + u \tag{5.18}$$

を用いる．ここで，$u_w =$ 間げき水圧，$u_{w0} =$ 静水圧，$u =$ 過剰間げき水圧である．圧密期間中全応力が一定であれば，

$$\frac{\partial \sigma}{\partial t} = \frac{\partial \bar{\sigma}}{\partial t} + \frac{\partial u}{\partial t} = 0 \tag{5.19}$$

となり，これを式 (5.17) に代入すると，次式がなりたつ．

$$\frac{\partial \varepsilon_v}{\partial t} = -m_v \frac{\partial u}{\partial t} \tag{5.20}$$

式 (5.15) 右辺の体積ひずみ ε_v は過剰間げき水圧で表されたが，左辺の流速 v もダルシーの法則

$$v = k \cdot i = -\frac{k}{\gamma_w} \frac{\partial u}{\partial z} \tag{5.21}$$

により，過剰間げき水圧で表現できる．ここで，k は透水係数，γ_w は水の単位重量である．式 (5.15), (5.20), および式 (5.21) より，

$$\frac{\partial}{\partial z}\left(k\frac{\partial u}{\partial z}\right)=m_v\gamma_w\frac{\partial u}{\partial t} \tag{5.22}$$

が得られる．もし，透水係数が深さに関して一定ならば，

$$\frac{\partial u}{\partial t}=\frac{k}{m_v\gamma_w}\frac{\partial^2 u}{\partial z^2} \tag{5.23}$$

となり，これが過剰間げき水圧を未知数とした圧密の基本方程式である．さらに，

$$c_v=\frac{k}{m_v\gamma_w} \tag{5.24}$$

とおけば，

$$\frac{\partial u}{\partial t}=c_v\frac{\partial^2 u}{\partial z^2} \tag{5.25}$$

という，熱伝導型の微分方程式となる．c_v は圧密係数(consolidation coefficient)と呼ばれ，$[L^2T^{-1}]$ の次元をもつ．圧密係数は圧密の速さを示す係数で，透水係数が大きく，土粒子の骨格構造の圧縮性(体積圧縮係数)が小さいほど，圧密の進行は速い．砂は粘土に比べて体積圧縮係数は小さく，透水係数は非常に大きいので，圧密係数ははるかに大きい．

したがって，砂は圧密にほとんど時間を要しないで終了してしまう．式(5.25)は1942年にテルツァギによって導びかれた．

5.4.2 圧密方程式の解

式(5.25)の微分方程式は与えられた初期条件(過剰間げき水圧の分布)と境界条件のもとで，解く必要がある．このような問題を初期値問題という．単純な初期条件，境界条件の場合には理論解が与えられている．

いま，図5.13に示すように，層厚 H の粘土層が不透水な岩盤と透水性のよい砂層にはさまれている地盤の表面に，一様な盛土がされた場合を考えてみよう．砂層の水位は圧密期間中一定とする．初期条件 $(t=0)$ は，粘土層中で過剰水圧 $u=u_0$(一定値)である．粘土層の上端面は常に静水圧であるので，過剰水圧 $u=0$，および粘土層下端面において全水頭(すなわち過剰間げき水圧)の傾きがゼロという条件が境界条件である．未知数 u は鉛直座標 z と時間 t の関数であるが，z と t を次のように変換して無次元化すると便利である．

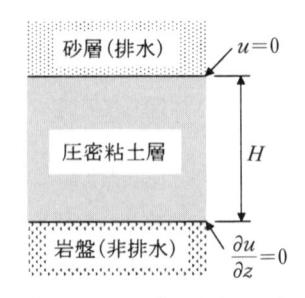

図5.13 片面排水条件の圧密

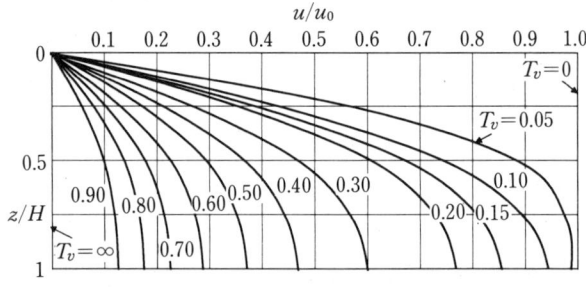

図5.14 初期条件 $u_0 =$ 一定の場合の等時曲線（片面排水）

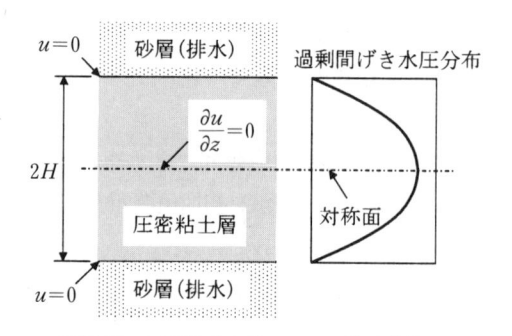

図5.15 両面排水条件における等時曲線

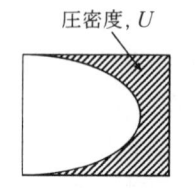

図5.16 平均圧密度

$$Z = \frac{z}{H} \qquad (5.26)$$

$$T_v = \frac{c_v t}{H^2} \qquad (5.27)$$

T_v は無次元の時間を表す時間係数（time factor）と呼ばれる．上の条件のも

5.4 圧密理論　93

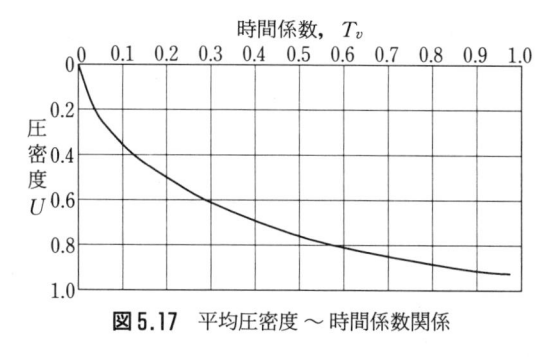

U	T_v	U	T_v
0.05	0.0017	0.55	0.238
0.10	0.0077	0.60	0.286
0.15	0.0177	0.65	0.342
0.20	0.0314	0.70	0.403
0.25	0.0491	0.75	0.477
0.30	0.0707	0.80	0.567
0.35	0.0962	0.85	0.684
0.40	0.126	0.90	0.848
0.45	0.159	0.95	1.129
0.50	0.196	1.00	∞

図 5.17 平均圧密度 〜 時間係数関係

とで，式 (5.25) を解くと，次式の解が得られている．

$$u = \sum_{n=1}^{\infty} \exp\left(-\frac{n^2\pi^2 T_v}{4}\right) \sin\frac{n\pi}{2}Z \cdot \frac{1}{H}\int_0^1 u_0 \sin\frac{n\pi}{2}Z dZ \quad (5.28)$$

これを図示すると**図 5.14** のようになる．一本の曲線はある時刻における過剰水圧の分布を示すもので，このような曲線を等時曲線 (isochrones)（アイソクローン）とよんでいる．$t=0$ で一定値 u_0 であった過剰水圧は時間とともに減少し，$t=\infty$ ではすべての深さでゼロとなる．

上の例は粘土層の片面のみが排水面の場合であったが，粘土層の上下両面から排水される**図 5.15** のような場合は，粘土層中央の対称面を通して水は流れないので，この位置に不透水層がある場合と等価であり，粘土層上半分の過剰水圧の変化は**図 5.14** と同じになる．すなわち，層厚 $2H$ の両面排水条件 (double drainage) の粘土層と，層厚 H の片面排水条件 (single drainage) の粘土層とは同じ条件で圧密が進行することになる．

図 5.16 に示した等時曲線と座標軸によって囲まれた斜線部分の面積と全体の面積の比は，圧密開始時でゼロ，終了時で 1 を示す．この比を平均圧密度 (mean degree of consolidation)（記号，U）と呼んでいる．平均圧密度を時間係数に対してプロットしたものが**図 5.17** である．

過剰水圧が u_0 だけ減少すれば，有効応力は同じ量だけ増加する．この有効応力の変化に対して，体積圧縮係数 m_v が一定であれば，過剰水圧の変化と体積ひずみの変化とは比例する．このような場合には，上の平均圧密度は最終沈下量 S_f に対するある時刻の沈下量 S の割合を示すことになる．すなわち，

$$S = U \cdot S_f \tag{5.29}$$

がなりたつので，任意時刻の沈下量を推定することができる．

例題 5.3

図に示す地盤は，現在静水圧分布を示している．この地表面に，広範囲にわたって等分布荷重 $q=200\,\mathrm{kN/m^2}$ が作用した．
a) 粘土層の終局圧密沈下量を求めよ．
b) 粘土層の圧密による 1 年後および 5 年後の沈下量を求めよ．
c) 沈下量が終局沈下量の 60%，および 95% に達するのに必要な時間を求めよ．

ただし，粘土層の圧密係数は，$c_v = 0.6\,\mathrm{m^2}/y$ である．また，地下水位より上部も飽和度は 100% とする．終局圧密沈下量を求めるとき，粘土層は単一層とし，その中央位置における応力で代表させて計算してよい．

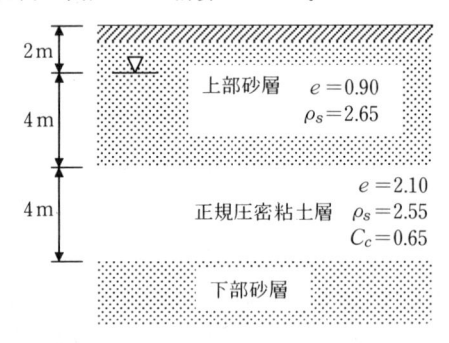

```
2m  ┃░░░░░░░░░░░░░░░
    ┃▽  上部砂層   e = 0.90
4m  ┃            ρ_s = 2.65
    ┃░░░░░░░░░░░░░░░
    ┃            e = 2.10
4m  ┃ 正規圧密粘土層 ρ_s = 2.55
    ┃            C_c = 0.65
    ┃░░░░░░░░░░░░░░░
    ┃  下部砂層
```

【解答】
＜土の密度＞ （$S_r = 100\%$）

砂　（GL～GL-6m）$\rho_1 = \dfrac{\rho_s + e\rho_w}{1+e} = \dfrac{2.65 + 0.90 \times 1}{1.90} = 1.87\,\mathrm{t/m^3}$

粘土　（GL-6～GL-10m）$\rho_2 = \dfrac{\rho_s + e\rho_w}{1+e} = \dfrac{2.55 + 2.10 \times 1}{3.10} = 1.50\,\mathrm{t/m^3}$

＜載荷前の鉛直有効応力＞

　　GL-8m　$\overline{\sigma_{z0}} = \sigma_{z0} - u_w = (1.87 \times 6 + 1.50 \times 2 - 6) \times 10 = 82.2\,\mathrm{kN/m^2}$

＜等分布荷重による鉛直応力増分＞

深さに関係なく $200\,\mathrm{kN/m^2}$

　a) 終局圧密沈下量

$$S = \sum \frac{C_c}{1+e} \varDelta H \cdot \log\left(\frac{\overline{\sigma_{z0}} + \varDelta \sigma_z}{\overline{\sigma_{z0}}}\right)$$

$$= \frac{0.65}{1+2.10} \times 400 \times \log\frac{82.2+200}{82.2} = 44.9\,\text{cm}$$

b) 1年，5年後の沈下量

1年後　$T_v = \dfrac{c_v \cdot t}{H^2} = \dfrac{0.6 \times 1}{2^2} = 0.15$

5年後　$T_v = \dfrac{c_v \cdot t}{H^2} = \dfrac{0.6 \times 5}{2^2} = 0.75$

図 5.17 より，$T_v = 0.15$，0.75 の圧密度はそれぞれ $U = 44\%$，87%

1年後の沈下量　$0.44 \times 44.9 = 19.8\,\text{cm}$

5年後の沈下量　$0.87 \times 44.9 = 39.1\,\text{cm}$

c) 終局沈下量の 60%，95% に達するのに必要な時間

図 5.17 より

$U=60\%$，$U=95\%$ の時の時間係数は，それぞれ $T_v = 0.286$，1.129

$$T_v = \frac{c_v \cdot t}{H^2}, \quad \therefore \quad t = \frac{T_v \cdot H^2}{c_v}$$

$(U=60\%) : t = \dfrac{0.286 \times 4}{0.6} = 1.907\,y$ 　1年11ヵ月

$(U=95\%) : t = \dfrac{1.129 \times 4}{0.6} = 7.527\,y$ 　7年6ヵ月

5.4.3　圧密係数の求め方

圧密係数は圧密の速さを規定する量であるので，圧密試験結果の中で圧縮量と時間の関係から決める．よく使われる方法に $\sqrt{t}$ 法（root t method）と $\log t$ 法（$\log t$ method）があり，ここでは $\sqrt{t}$ 法を紹介する．

図 5.17 の平均圧密度 U と時間係数 T_v の関係を $U \sim \sqrt{T_v}$ に関してプロットすると，図 5.18 のようになる．この図から $U < 50\%$ においては，$U \sim \sqrt{T_v}$ は直線で近似できることがわかる．さらに，$U = 90\%$ を表す点 A と座標の原点を結ぶ直線の傾きは，先の $U < 50\%$ における $U \sim \sqrt{T_v}$ 直線の傾きの 1.15 倍になることもわかっている．

そこで，実際の圧密試験から得られたデータを圧縮量 d と時間 $\sqrt{t}$ でプロットし，図 5.19 が得られたとしよう．この図において，まず原点を通る接線を引き，この直線に対して 1.15 倍の傾きの直線と $d \sim \sqrt{t}$ 曲線の交点，A' は図 5.18 の A 点に対応するものである．したがって，A' 点の横座標は平均圧密度 90% を起こすのに必要な時間 t_{90} である．

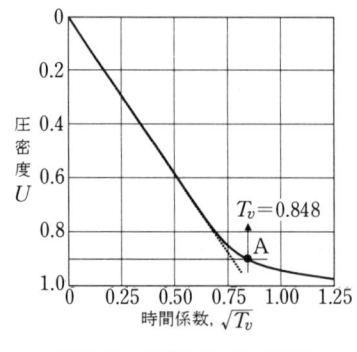

図 5.18 平均圧密度〜関係

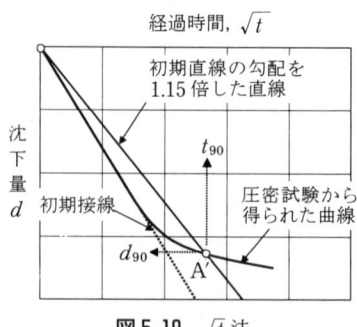

図 5.19 $\sqrt{t}$ 法

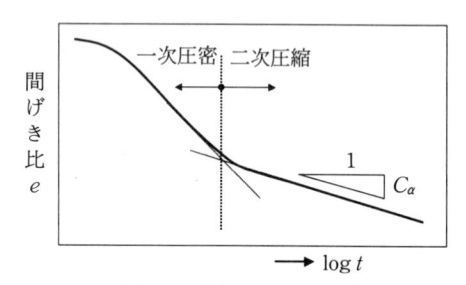

図 5.20 粘性土の二次圧縮

一方，図 5.17 より，90% の平均圧密度に必要な時間係数は $T_{v90}=0.848$ である．そこで，式 (5.27) を変形した

$$c_v = \frac{T_{v90}H^2}{t_{90}} \tag{5.30}$$

から，圧密係数を決定することができる．層厚 H は両面排水条件における粘土試料の厚さの 1/2 である．

圧密沈下は間げき水の流出（すなわち有効応力の増加）によって起こる粘性土に限定した問題である．しかし，間げき水圧が消散して，有効応力に変化がなくなった後も沈下が進行することがあり，これを二次圧縮 (secondary compression) と呼んでいる．そして，前者の間げき水圧の消散による圧縮を一次圧密 (primary consolidation) と呼び，後者と区別している．

図 5.20 は一次圧密と二次圧密の関係を描いたもので，一次圧密がテルツァギの圧密理論に従うのに対し，二次圧縮は時間の対数に比例する次式によって

表される．

$$\Delta e = C_\alpha \Delta \log t \tag{5.31}$$

ここで，時刻が $\Delta \log t$ 変化したときの間げき比の変化を Δe とする．

C_α は図 5.20 の二次圧密部分の直線の勾配で，二次圧縮指数（secondary compression index）と呼ぶ．C_α と圧縮指数 C_c との比 C_α/C_c は $0.03 \sim 0.1$ の範囲にあり，土によってほぼ一定の数値をとることがわかっている．

例題 5.4

粘土の圧密試験を行ったところ，圧密圧力 $10\,\mathrm{kN/m^2}$ における経過時間と圧密量のダイヤルゲージ読みは以下のようになった．$\sqrt{t}$ 法により，圧密係数 c_v を求めよ．ただし，この荷重載荷時の平均試料高さは $\overline{H_n} = 1.750\,\mathrm{cm}$ である．

経過時間	ダイヤルゲージ読み (1/100 mm)	経過時間	ダイヤルゲージ読み (1/100 mm)	経過時間	ダイヤルゲージ読み (1/100 mm)
0	62.2	2 min	76.5	40 min	118.0
6 s	65.0	3	80.2	1 h	126.1
9	65.5	4.5	85.8	1.5	133.1
12	66.0	7	90.0	2	137.9
24	68.5	10	95.1	3	144.0
42	70.5	15	101.6	6	155.0
1 min	72.3	20	106.5		
1.5	74.8	30	113.9		

【解答】 圧密試験結果（圧縮量 d 〜 経過時間 $\sqrt{t}$）関係をプロットすると，以下のようになる．横軸は経過時間 (s) の平方根を取る．

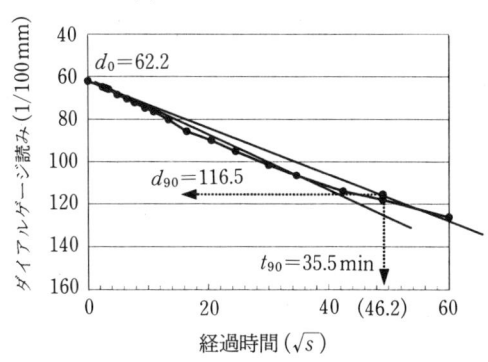

これより，$t_{90}=35.5\,\text{min}$ が得られる．よって圧密係数は

$$c_v = 0.848\left(\overline{\frac{H_n}{2}}\right)^2\frac{1440}{t_{90}} = 0.848 \times \left(\frac{1.750}{2}\right)^2\frac{1440}{35.5} = 26.3\,\text{cm}^2/\text{d}$$

練習問題 5

1. 図 5.2 に示す圧密試験装置により正規圧密粘土を圧密している．荷重 $p=20\,\text{kN}/\text{m}^2$ の圧密が終了したときの試料高さは 1.80 cm，間げき比は 2.56 であった．荷重 40 kN/m² に増加したところ，試料高さは最終的に 1.58 cm になった．体積圧縮係数および圧縮指数を求めよ．

第6章

土のせん断強さ

建物から働く荷重を地盤が支持できなくなると，建物は大きく傾いたり，転倒する危険性がある．また，斜面や擁壁のように，地盤面に高低差がある場合に，これらの斜面が崩壊を起こすことがある．下図に示すような現象は地盤の安定問題と呼ばれ，いずれも地盤のせん断強さが関係した問題である．

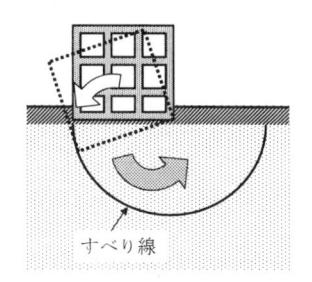

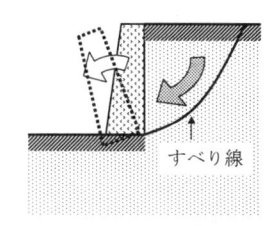

すべり線

土のせん断強さは土の種類，密度，応力状態などによって異なるので，それぞれの現場に応じてせん断試験を行い，せん断強さを求める必要がある．以下では，せん断試験の方法と土のせん断強さを支配する法則について説明する．

6.1 せん断試験

6.1.1 一面せん断試験

　図6.1に示すような，上下に重ねた二つの剛なせん断箱（可動箱と固定箱）に土の試料を詰め，剛な加圧版を通して一定の鉛直荷重Nを加えた状態で，可動箱に水平力Fを加える．荷重の増加に伴い，二つのせん断箱の相対水平変位δ_hと加圧版の鉛直変位δ_vを測定する．

　この試験では，二つのせん断箱の境界面で土はすべりを起こす．せん断箱の水平断面積をAとすると，すべり面に働く平均せん断応力τはF/Aとなり，せん断中のτとδ_hの関係は図6.2(a)の曲線のようになる．このときすべり面に働く垂直応力σはN/Aであり，図6.2(a)にはσを変えた実験の結果を示してある．それぞれの曲線のピーク値τ_fがせん断強さであり，この値をσを横軸にとってプロットすると，図6.2(b)のように直線関係を示す．この直線の傾きをϕ，縦軸の切片をcとすれば，この直線は次のように表される．

$$\tau_f = c + \sigma \tan \phi \tag{6.1}$$

　ここで，cは粘着力（cohesion），ϕはせん断抵抗角（angle of shear resistance）という．式(6.1)はクーロン（Coulomb）によって導かれたせん断強度式で，せん断強さはすべり面に働く垂直応力σに比例する項と垂直応力によらない一定値cの和で表される．このように，垂直応力に応じてせん断強さが増加する物質は摩擦性材料（frictional material）と呼ばれる．

　せん断中の加圧版の鉛直変位とせん断箱間の水平変位の関係を示すと図6.3のようになる．鉛直変位が生じることは土試料がせん断によって体積変化を起

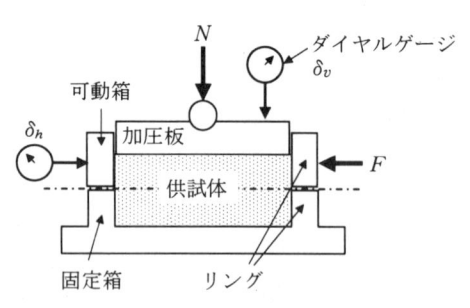

図6.1　一面せん断試験機

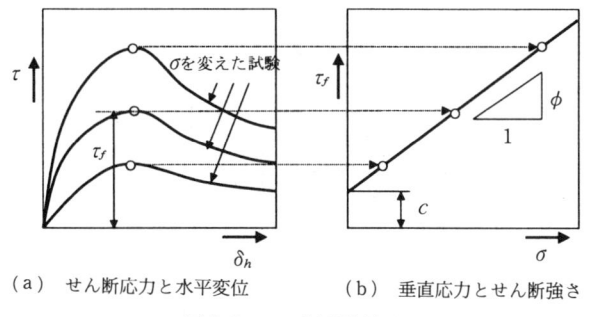

図6.2 せん断試験結果

こすことであり，これは土の固有の性質である．密に詰めた砂の場合，最初わずかに体積が減少するが，まもなく増加に転じ，せん断強さを発揮する時点では膨張した状態で試験は終了する．このようにせん断により体積が膨張する性質をダイレイタンシー(dilatancy)と呼んでいる．これは図6.4(a)に示すように，密な砂がせん断されると，砂粒子は前にある粒子を乗り越えて水平移動するので，必然的に体積は増加する．

一方，ゆるい砂をせん断すると図6.3に示すように，圧縮した状態で終了する．これを負のダイレイタンシーと呼び，図6.4(b)のようにゆるい状態の砂粒子は水平移動すると間げきに落ち込むので，全体の体積は減少する．

一面せん断試験(box shear test)は簡単な試験法であるが，一方で土試料内の応力状態や変形状態が不明確な点が欠点である．すなわち，剛なせん断箱をずらすように移動させると，中の土は図6.5に示すように，試料内の場所によりひずみの大きさが異なることになる．また，最初考えたようにせん断箱の境

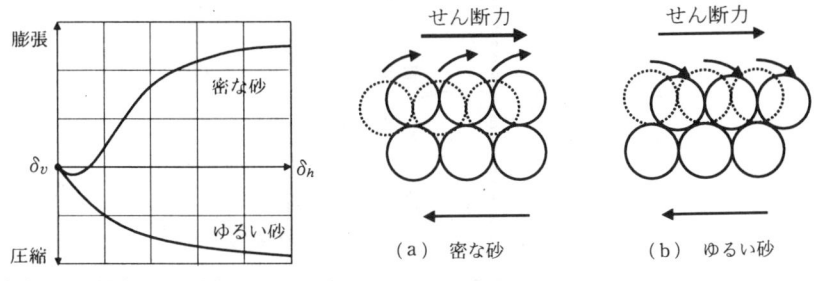

図6.3 せん断中の水平変位と鉛直変位

図6.4 ダイラタンシー特性

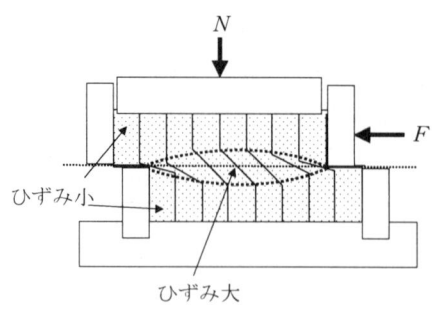

図6.5 一面せん断試験におけるひずみ

界面だけでせん断されるのではなく，内部では端部より広い幅でせん断されることになる．このような欠点を補う方法が次に示す三軸圧縮試験（triaxial compression test）である．

6.1.2 三軸圧縮試験

　三軸圧縮試験装置の概要を図6.6に示す．土の試料は円柱形で，底版に固定された台座（ペデスタル）と剛なキャップに挟まれている．この試料を圧力室に入れ，水または空気による圧力をかけると，試料は周囲から等方的な圧縮を受ける．試料の周囲はゴム膜で覆い，圧力室と試料の内部とは隔離される．

　一方，試料の下部からは台座の内部を通して圧力室の外にパイプが通じているので，この圧力室の圧力により排水が行われ，試料は圧密される．さらに，圧力室の圧力を一定に保った状態で，試料の上部より鉛直方向に軸力を加えると試料はせん断されることになる．

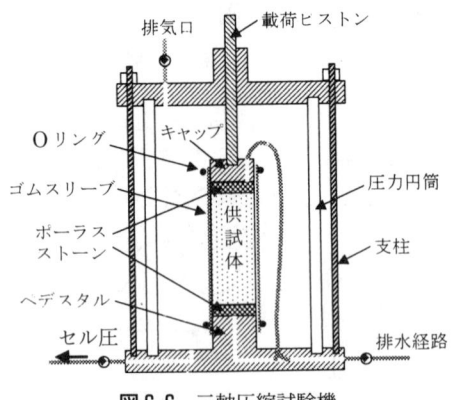

図6.6 三軸圧縮試験機

(1) モール・クーロンの破壊規準

三軸圧縮試験による圧密とせん断の過程は**図6.7**のモールの応力円によって表すことができる．すなわち，圧力室の等方圧力を受けた状態の応力円は点Aとなる．次に圧力室の圧力 (σ_3) を一定に保ったまま，軸力を増加させると，試料の軸方向の垂直応力は σ_3 から σ_1 に増加するので，モールの応力円はA点の右側に直径が $AB=\sigma_1-\sigma_3$ の円となる．$\sigma_1-\sigma_3$ は軸差応力と呼ばれる．B点は試料の水平断面上の応力，A点の座標は鉛直断面上の応力を表し，σ_1 は最大主応力，σ_3 は最小主応力を表している．最大せん断応力はC点すなわち主応力面から45°傾いた面上で起こり，その値は軸差応力の1/2である．

試料に軸力を加えるロッドに変位計を取り付けておけば，試料の軸ひずみ ε_a を求めることができる．軸差応力を増加しつづけると，軸ひずみと軸差応力の関係は**図6.8**の曲線のようになり，やがて試料は破壊する．この図は一面せん断試験における**図6.2(a)**の曲線と同じものである．破壊時の軸差応力から破壊時のモールの応力円を描くことができる．

試料に働く側圧 σ_3 を変えて試験を行い，破壊時のモールの円を描くと**図6.9**のようになる．これらの円の包絡線を引くと

$$\tau_f = c + \sigma_f \tan\phi \tag{6.2}$$

のように表すことができる．これは式 (6.1) と同じ式であり，モールの応力円を使っているので，モール・クーロンの破壊規準 (Mohr-Coulomb's faiure criterion) と呼ばれる．すなわち，モールの円は軸差応力の増加とともに大きくなり，この包絡線に接したとき，破壊すると解釈できる．

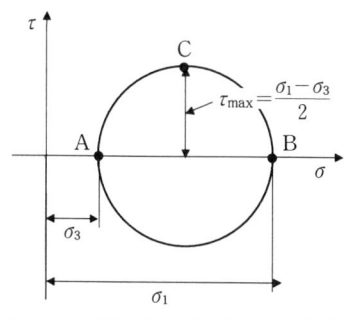

図6.7　せん断試験のおけるモールの応力円

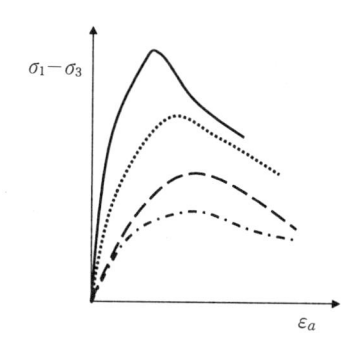

図6.8　ひずみと軸差応力の関係

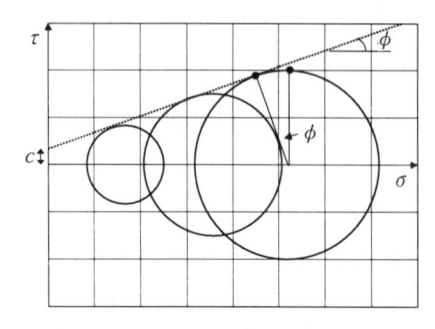

図 6.9 モール・クーロンの破壊規準

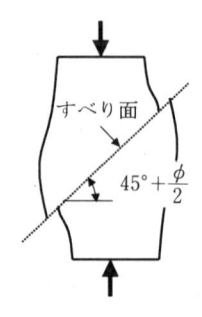

図 6.10 三軸試料の破壊面の状態

モールの応力円がこの包絡線（破壊規準）に接する点は最大せん断応力とは異なり，モールの応力円の頂点より ϕ だけ回転している．実際の地盤中ではこの ϕ の半分だけ回転した面上がすべり面となる．

すなわち，すべり面は試料の水平面から $45°+\phi/2$ 回転した面であり，**図 6.10** に示すような実際の三軸試料における破壊面とほぼ一致する．三軸圧縮試験では試料内部の応力状態が一面せん断試験より明確であるので，**図 6.9** から求めた式 (6.2) の方がより正確といえる．

例題 6.1

ある乾燥砂について三軸圧縮試験行なったところ，次の結果が得られた．破壊時のモール円の包絡線を描き，せん断抵抗角 ϕ を求めよ．

拘束圧, σ_3 (kN/m²)	破壊時の軸圧縮力, σ_{1f} (kN/m²)
12	72
30	148
60	312
120	600

【解答】 破壊時のモール円と包絡線を描くと図のようになる．

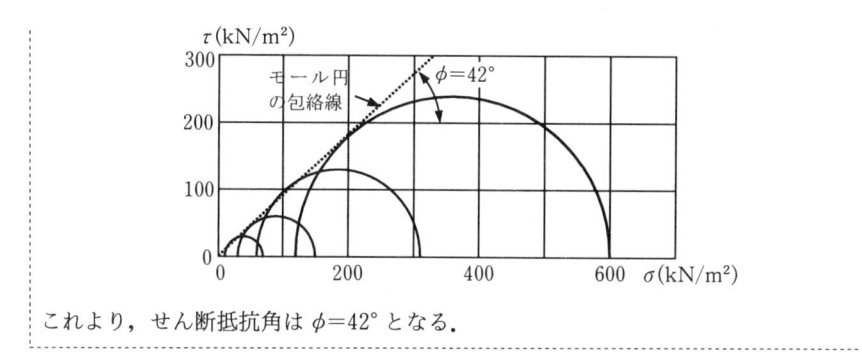

これより，せん断抵抗角は $\phi = 42°$ となる．

（2） 応力経路

圧密からせん断の終了までの過程をモールの応力円で表すためには無数の円を描く必要がある．しかし，第3章で述べた応力経路の考え方を使うとより簡単に表すことができる．応力経路上の座標 (p, q) はそれぞれ

$$p = \frac{\sigma_1 + \sigma_3}{2} \tag{6.3-a}$$

$$q = \frac{\sigma_1 - \sigma_3}{2} \tag{6.3-b}$$

であるので，σ_3 を一定のまま σ_1 を増加させる試験では，応力経路は**図6.11**のように，等方圧密を行ったA点より 45° の直線となる．応力経路上の破壊時の点を連ねた直線はモール・クーロンの破壊規準線と少し異なり，その傾き β

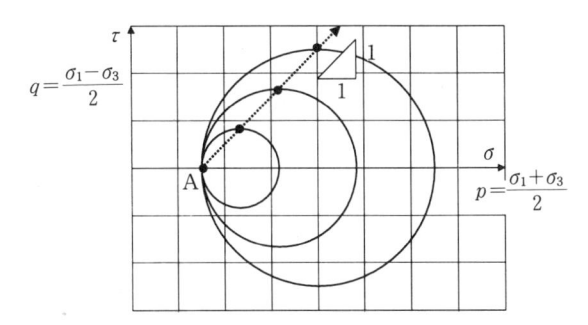

図6.11 三軸圧縮試験の応力経路

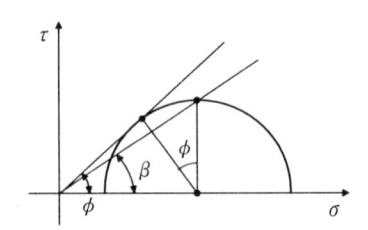

図 6.12 応力経路から求めたせん断抵抗角

は図 6.12 より，
$$\tan\beta = \sin\phi \tag{6.4}$$
の関係にある．

例題 6.2

せん断抵抗角が 30°の乾燥砂を三軸試験機において，$150\,\mathrm{kN/m^2}$ の圧力で等方圧密した．次に軸方向応力 σ_1 と側圧 σ_3 の増分が
$$\varDelta\sigma_3 = \frac{\varDelta\sigma_1}{5}$$
の関係を満足するように σ_1 と σ_3 を増加させた．この試料が破壊するときの軸方向応力 σ_1 を求めよ．

【解答】 σ_1，σ_3 は応力増分 $\varDelta\sigma_3$ によって次のように表すことができる．
$$\sigma_1 = 5\varDelta\sigma_3 + 150$$
$$\sigma_3 = \varDelta\sigma_3 + 150$$

$\sin\phi = \dfrac{\sigma_1 - \sigma_3}{\sigma_1 + \sigma_3}$ に上式を代入して

$$\sin 30° = \frac{(5\varDelta\sigma_3 + 150) - (\varDelta\sigma_3 + 150)}{(5\varDelta\sigma_3 + 150) + (\varDelta\sigma_3 + 150)} = \frac{4\varDelta\sigma_3}{6\varDelta\sigma_3 + 300} = 0.5$$

$$0.5(6\varDelta\sigma_3 + 300) = 4\varDelta\sigma_3$$

よって

$$\varDelta\sigma_3 = 150$$
$$\varDelta\sigma_1 = 5\varDelta\sigma_3 = 750\,\mathrm{kN/m^2}$$

よって，破壊時の応力は

$$\sigma_3 = 150 + 150 = 300\,\mathrm{kN/m^2}$$
$$\sigma_1 = 150 + 750 = 900\,\mathrm{kN/m^2}$$

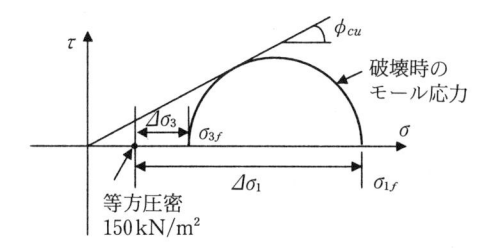

あるいは応力経路の考え方を使って，以下のように解くこともできる．
p, q の増分 $\Delta p, \Delta q$ は

$$\Delta p = \frac{\Delta\sigma_1 + \Delta\sigma_3}{2} = \frac{5\Delta\sigma_3 + \Delta\sigma_3}{2} = 3\Delta\sigma_3$$

$$\Delta q = \frac{\Delta\sigma_1 - \Delta\sigma_3}{2} = \frac{5\Delta\sigma_3 - \Delta\sigma_3}{2} = 2\Delta\sigma_3$$

$$\therefore \quad \frac{\Delta q}{\Delta p} = \frac{2}{3}$$

$150\,\mathrm{kN/m^2}$ の等方圧密状態の p, q は，

$$p_i = \frac{\sigma_{1i} + \sigma_{3i}}{2} = \frac{150 + 150}{2} = 150$$

$$q_i = \frac{\sigma_{1i} - \sigma_{3i}}{2} = \frac{150 - 150}{2} = 0$$

したがって，応力経路（下図の実線）は点 $(150, 0)$ を通り，傾きが $2/3$ の次式の直線となる．

$$q = \frac{2}{3}(p - 150) \tag{1}$$

また，破壊線（下図の破線）は，$\tan\beta = \sin\phi = 0.5$ より

$$\frac{q_f}{p_f} = 0.5 \tag{2}$$

式 (1) と式 (2) の交点が破壊時の p, q を表すことになる．これより，

$$p_f = 600\,\mathrm{kN/m^2}$$
$$q_f = 300\,\mathrm{kN/m^2}$$

したがって，破壊時の σ_1, σ_3 は

$$\sigma_{1f} = p_f + q_f = 600 + 300 = 900\,\mathrm{kN/m^2}$$
$$\sigma_{3f} = p_f - q_f = 600 - 300 = 300\,\mathrm{kN/m^2}$$

108　第6章　土のせん断強さ

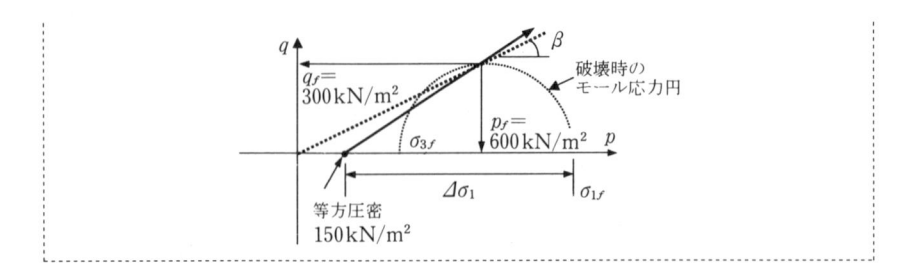

```
                            β
        q ↑          ╱  ╱ 破壊時の
        q_f=        ╱  ╱  モール応力円
      300 kN/m²   ╱  ╱
                ╱  ╱    p_f=
              ╱  ╱    600 kN/m²   p
            σ_{3f}              σ_{1f}
            ├────── Δσ_1 ──────┤
        等方圧密
        150 kN/m²
```

（3） 圧密排水試験

図 6.6 に示した土試料から外部への排水経路のバルブを開いた状態で試験を行えば，圧密中およびせん断中も試料からの排水（または給水）が許される．このような試験方法を圧密排水試験 (consolidated drained test，略して CD 試験) と呼ぶ．このとき，間げき水圧は常に大気圧に等しく，過剰水圧は発生しない．したがって，圧力室の圧力 σ_3 と軸方向応力 σ_1 はともに有効応力である．有効応力を使ってモールの応力円を描き，得られたせん断抵抗角を特に ϕ_d と呼ぶことにする．

CD 試験では，圧密中もせん断中も過剰水圧が発生しないように試験する必要がある．砂試料の場合は排水バルブを開けておけば容易に排水されるが，粘性土試料の場合は，圧密に時間を要するように，せん断においても排水を行うには載荷をきわめてゆっくり行い，長時間をかけてせん断する必要がある．

例題 6.3

せん断抵抗角が 30°の飽和砂がある．同じ砂を 500 kN/m² の等方圧力で圧密した後，側圧 σ_3 を一定に保ったまま排水条件で軸方向力 σ_1 を増やす三軸試験を行った．破壊時の最大主応力 σ_{1f} と最大せん断応力 τ_{max} はそれぞれいくらか．

【解答】

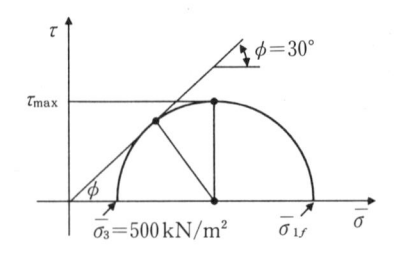

```
        τ ↑
                        φ = 30°
        τ_max
                    ╱
                  ╱ ⌒⌒⌒⌒⌒
                ╱ /        \
              ╱ /           \
            ╱ φ              \
           └──────────────────→ σ̄
          σ̄_3 = 500 kN/m²   σ̄_{1f}
```

上図より，

$$\frac{(\overline{\sigma_{1f}}-500)/2}{(\overline{\sigma_{1f}}+500)/2}=\sin 30°=\frac{1}{2}$$
$$\therefore\ \overline{\sigma_{1f}}=1500\,\mathrm{kN/m^2}\,(最大主応力)$$
$$\tau_{\max}=(1500-500)/2$$
$$\qquad=500\,\mathrm{kN/m^2}\,(最大せん断応力)$$

（4） 圧密非排水試験

　圧密を行うにはバルブを開く必要があるが，せん断中はバルブを閉じて，排水を許さない状態で行う試験を圧密非排水試験（consolidated undrained test，略してCU試験）と呼ぶ．CD試験では排水によって試料の体積は減少するが，CU試験ではせん断中は水で飽和した試料の体積変化は起こらないものと考えてよい．

　先に述べたように，土はせん断されると体積が変化する性質があるので，排水を許さない（体積変化をさせない）場合には，この性質は間げき水圧の変化となって現れる．すなわち，負のダイレイタンシー（せん断中に体積が減少する）をもつ土でCU試験を行うと間げき水圧は上昇する．CU試験において測定した側圧 σ_3 と軸方向応力 σ_1 はともに全応力であり，有効応力はこれらから間げき水圧を引いたものである．CU試験において，全応力を用いて描いたモールの応力円から求めたせん断抵抗角を ϕ_{cu} と呼び，有効応力から求めた ϕ_d と区別する．モールの応力円を全応力と有効応力で描いた場合の違いは**図6.13(a)**に示すように，モールの円を発生した間げき水圧（過剰水圧）Δu だけ横軸方向に平行移動すればよい．

　したがって，CU試験を行い，発生する過剰水圧を測定すれば，CD試験と同様の ϕ_d を求めることができる．土の強さは有効応力により支配されるので，その土固有の強さは ϕ_d が規準となる強度定数である．$\sigma_3=$一定のCU試験における全応力の応力経路は**図6.13(b)**の破線ABのように45°の直線となるが，有効応力で表した応力経路はこれから発生間げき水圧 Δu を引いた実線ACのような曲線となる．

　せん断による間げき水圧の変化について，スケンプトン(Skempton)は最大・最小主応力が $\Delta\sigma_1$，$\Delta\sigma_3$ だけ変化したとき，間げき水圧の変化量 Δu を次

(a) モールの応力円　　　　　(b) 応力経路

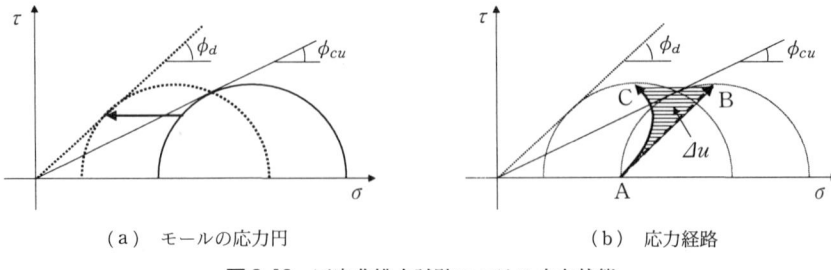

図 6.13 圧密非排水試験における応力状態

式で表した．

$$\Delta u = B\{\Delta\sigma_3 + A(\Delta\sigma_1 - \Delta\sigma_3)\} \tag{6.5}$$

ここで，A，B は間げき圧係数 (pore pressure coefficient) と呼ばれる．

係数 B は $\Delta\sigma_1 - \Delta\sigma_3 = 0$，すなわち等方圧縮された場合の間げき水圧発生量 Δu と圧力増分 $\Delta\sigma_3$ の比であり，式 (5.3) の係数と同じものである．

したがって，B の値は飽和土ではほぼ 1 となり，この値が飽和度の指標となる．係数 A はせん断にともなう間げき水圧の発生量の割合であり，土の種類やせん断中の状態（たとえば，せん断の初期か破壊に近い状態か）によって異なり，一概には決められない．**表 6.1** に各種の土について，破壊時における A の値の例を示した．

表 6.1 スケンプトンの間げき圧係数 A

極めてゆるい細砂	2～3
鋭敏な粘土	1.5～2.5
正規圧密粘土	0.7～1.3
少し過圧密された粘土	0.3～0.7
強く過圧密された粘土	−0.5～0

例題 6.4

練り返した粘土試料に対して，圧密非排水三軸圧縮試験 (CU 試験) を行った．まず，$400\,\text{kN/m}^2$ の圧力で等方圧密が終了した後，側圧 σ_3 を一定に保った状態で排水を許さずに軸方向力を増加したところ，$\sigma_{1f} = 750\,\text{kN/m}^2$ で破壊した．この粘土の ϕ_{cu} を求めよ．

【解答】 CU 試験における破壊時のモールの応力円（全応力）は以下のようになる．

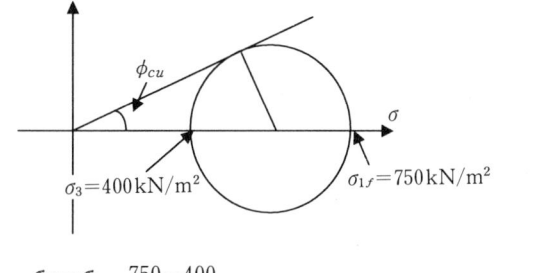

$\sigma_3 = 400 \mathrm{kN/m^2}$, $\sigma_{1f} = 750 \mathrm{kN/m^2}$

$$\sin \phi_{cu} = \frac{\sigma_{1f} - \sigma_3}{\sigma_{1f} + \sigma_3} = \frac{750 - 400}{750 + 400} = 0.3043$$

$$\phi_{cu} = \sin^{-1} 0.3043 = 17.7°$$

（5） 非圧密非排水試験

三軸圧縮試験の圧力室で排水を許さない状態で等方圧縮を行い（すなわち圧密はされない），その後，さらに非排水状態でせん断を行う試験を非圧密非排水試験 (unconsolidated undrained test，略して UU 試験) と呼ぶ．UU 試験では，地盤中から採取した土試料を三軸室で，それが地盤中で受けていた応力を周囲より加えることにより地盤中の状態を再現し，排水を許さないような速度の載荷をした場合の土のせん断強さを求めることができる．すなわち，粘性土地盤で比較的短期間に建設される構造物による荷重によって地盤が破壊する可能性について検討する場合には，この試験の結果が役に立つ．

飽和土の UU 試験において，圧力室の圧力 σ_3 を変えて試験を行い，破壊時のモールの応力円を描くと**図 6.14**のように，いずれの円も大きさが等しくなる．これは σ_3 を加えても圧密が行われないので，加えた σ_3 はすべて過剰水圧の上昇となり，有効応力は変化しないからである．すなわち，**図 6.14** の応力円は全応力であるが，これを有効応力で描けばすべて一つの円となり，結局，

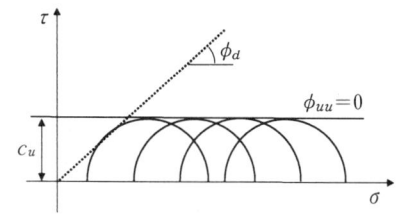

図 6.14 非圧密非排水試験におけるモールの応力円

有効応力で表した破壊包絡線の勾配は ϕ_d と一致する．全応力で描いたモールの応力円の包絡線は水平となり，UU 試験のせん断抵抗角は $\phi_{uu}=0$ である．したがって，非排水せん断強さ c_u は σ_3 によらず一定で，その値は破壊時の軸差応力 $(\sigma_1-\sigma_3)_f$ の 1/2 である．

粘性土の場合，圧密には相当の時間を要する．したがって，せん断においても発生する過剰水圧が消散するにはかなりの時間を要するので，普通の速さでせん断を行えば，排水経路のバルブを開いておいても排水されることはなく，非排水せん断状態となる．

6.1.3 一軸圧縮試験

三軸圧縮試験において，側圧 $\sigma_3=0$ としたものが一軸圧縮試験 (unconfined compression test) である．三軸圧縮試験の圧力室やゴム膜が不要となるので，試験は非常に簡単になる．三軸圧縮 UU 試験において，せん断強さ $\sigma_1-\sigma_3$ は σ_3 によらず一定となるので，一軸圧縮試験は三軸 UU 試験と同等のものと考えることができる．ただし，不飽和土では非排水条件で圧縮しても体積変化を起こすのでこの考え方は成り立たないし，自立できない試料（乱した砂のようなもの）には適用できない．

一軸圧縮試験における非排水せん断強さ (undrained shear strength) c_u は，破壊時の軸方向応力（すなわち一軸圧縮強さ q_u）の 1/2 となる．

6.2 砂質土のせん断強さ

6.2.1 見掛けの粘着力

砂質土に対して側圧を変えて排水三軸圧縮試験を行うと，有効応力で表現し

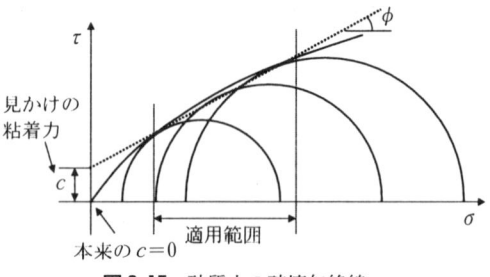

図 6.15 砂質土の破壊包絡線

た破壊時のモールの応力円は**図6.15**のようになり，破壊包絡線は原点を通る曲線となる．砂の粒子は結合力がないので，有効応力がゼロならばせん断強さはなく，$c=0$ となる．側圧が大きくなると，せん断強さは増加するが，応力の増加とともに，増加率は減少する．これは高い拘束圧により，砂の粒子接触部分が破砕し，拘束圧の増加ほど強度は増加しないものと考えられている．

このような破壊曲線に対して，実際に適用される応力状態の範囲でこの曲線にもっとも近い直線を引くと，**図6.15**の破線のようになり，拘束圧ゼロでもせん断強さが存在するようなせん断強度式 (6.1) で表される．この場合の粘着力は，本来は存在しない粘着力であるので，これを見掛けの粘着力 (apparent cohesion) と呼んでいる．

6.2.2 インターロッキング

砂の密度を変えて排水三軸圧縮試験を行うと，ゆるい砂より密な砂の方がせん断強度は高くなる．これは密度が大きくなるとせん断抵抗角が増加することを意味する．その理由は，密な砂はせん断によって体積を増やそうとする性質（正のダイレイタンシー特性）によっている．**図6.16**に示すように，密な砂で，体積膨張が起こる場合は拘束圧に逆らう方向に変位するので，拘束圧に対して仕事が行われ，このために余分のエネルギーが必要になる．このことがせん断抵抗角を増加させている．このように土粒子間のかみ合いのことをインターロッキング (interlocking) といい，この程度が大きいものほど大きなせん断抵抗角となる．ゆるい砂の場合にせん断抵抗角が小さいのは，せん断により体積減少を起こすので，拘束圧が逆に仕事をすることになり，破壊するために加える必要な力は少なくてすむからである．せん断により体積変化が起こらなけれ

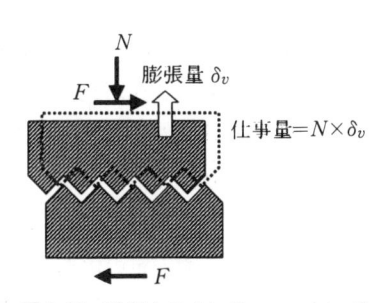

図6.16 砂質土のインターロッキング

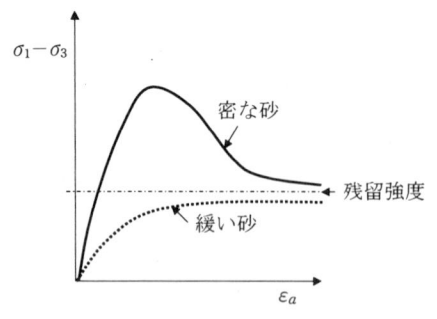

図 6.17 大変形までの応力～ひずみ関係

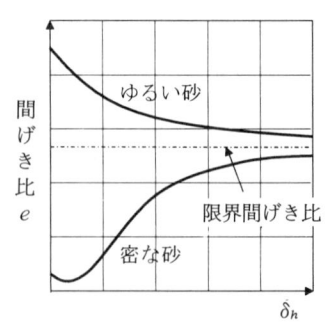

図 6.18 せん断に伴う間げき比の変化

ば，せん断抵抗角はすべり面の材料の性質から決まる量である．

砂粒子の形もせん断抵抗角に影響を及ぼす．粒形が角張った砂は粒子のかみ合いが強く，ダイレイタンシーも大きいので，粒形の丸い砂よりせん断抵抗角は大きくなる．

6.2.3 残留強さ

図 6.17 は三軸圧縮試験においてせん断強さのピーク値を過ぎた後も，大きなひずみまで載荷した場合の軸差応力と軸ひずみの関係である．密な砂はピークを過ぎた後，軸差応力はある残留値で終了する．また，ゆるい砂は明確なピークを持たず，漸増して，ある最終状態にいたる．この最終的な残留値は砂が同じならば密度によらず同じ値をとる．この残留状態のモールの応力円から破壊包絡線を描いて求めたせん断抵抗角を ϕ_r で表す．ϕ_r は砂の密度によらず，一定の値を取るのは，土粒子を構成する物質の摩擦角を表しているからであり，体積変化に伴うエネルギーとは無関係の現象である．

前に**図 6.3** に示したせん断に伴う体積変化のグラフの縦軸を間げき比で表現すると，**図 6.18** のようになり，密な砂は間げき比が増加して，最終的には一定値で終了する．また，ゆるい砂は間げき比が減少して，同様にある一定値で終了する．ともに最終状態はすでに体積変化は起こらず，初期状態の密度にかかわらず，一定の状態となる．この状態を限界状態といい，その間げき比を限界間げき比 (critical void ratio) と呼ぶ．先に述べたように，砂の残留強さ (residual strength) が密度にかかわらず一定の値を示すのは，このように初期条件とは関係なく，いずれも最終的には間げき比が限界間げき比にいたったか

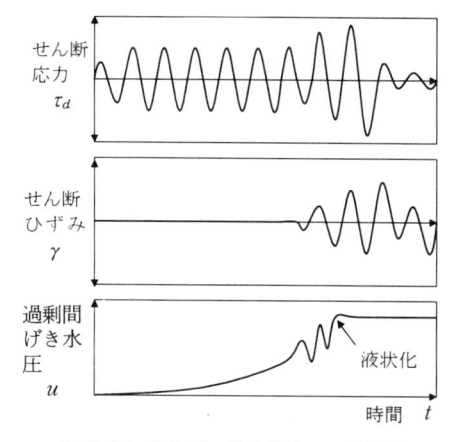

図 6.19 飽和砂の繰り返しせん断試験

らである．

6.2.4 飽和砂の液状化

　ゆるい飽和砂が繰り返しせん断を受けると，間げき水圧が上昇し，やがて有効応力がゼロになると，せん断強さが失われるので，液体のようになる現象を液状化 (liquefaction) と呼んでいる．図 6.4 に示したように，ゆるい砂ではせん断によって体積が減少する負のダイレイタンシー特性を示す．密な砂でも，せん断初期はわずかに体積減少を伴う性質があるので，せん断ひずみが小さい間は負のダイレイタンシーを示す．このような砂が非排水状態でせん断されると過剰水圧が発生する．

　図 6.19 のような繰り返しせん断を受けると，一回の載荷中に荷重の増加とともに発生した過剰水圧は除荷されても完全に元に戻らない．これは土の非線形性によるものである．この残留過剰水圧は繰り返しによって蓄積され，ある値に達すると，繰り返し作用するせん断力に抵抗する強さを発揮するのに必要な有効応力を確保できなくなる．この状態になると，ひずみは急増し，土は液体状を呈する．

　地震時において，地盤中を伝わる地震波は一秒間に数回の振動数で地盤を繰り返しせん断する．この程度の速さの載荷に対しては，砂でも非排水条件となり，過剰間げき水圧は消散されずに蓄積される．有効応力が完全に失われたり，低下することにより構造物を支持するのに必要なせん断強さを発揮できなくな

ると，構造物は沈下や転倒を起こす．

地震時の液状化に対する対策としては，液状化の発生を防止するために

① 地盤の密度を高めることにより，発生水圧を低くしたり，地盤そのもの強さを増加させる．
② 地盤の透水性を高め，発生した過剰水圧を速やかに消散させる．
③ 液状化が起こっても構造物が沈下したり，傾斜しないような基礎構造を設計する．

などが考えられる．

6.3 粘性土のせん断強さ

6.3.1 正規圧密粘性土

正規圧密粘性土の試料を三軸圧縮試験機でCD試験を行うと，モール・クーロンの破壊規準は図 6.20 に示すように，原点を通る直線となる．これは有効応力がゼロならば，粘土試料はスープのような状態でせん断強さはないし，砂のような粒子破砕は起こることはないからである．粘性土に対する排水試験は時間がかかるので，CU 試験を行い，そのとき試料中の間げき水圧を測定し，全応力から間げき水圧を引いた有効応力で結果を整理すると，図 6.20 とまったく同じ結果を得る．これは，粘性土の挙動も有効応力で説明できることを示している．

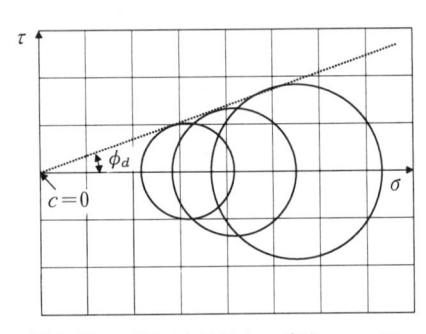

図 6.20 正規圧密粘性土の破壊モール円

6.3.2 過圧密粘性土

過圧密粘性土のせん断試験を行い，有効応力経路を描くと図 6.21 のように

なる．すなわち，いったん過圧密された粘性土をせん断試験すると，正規圧密粘性土より大きな強度を示す．これは，過圧密粘土はいったん大きな圧力で圧密されているので，現在の応力が等しい正規圧密粘土より間げき比が小さく密になっているからである．過圧密粘土に対する破壊包絡線は原点を通らない直線となり，一般的に式 (6.2) で表すことができる．

過圧密粘性土と正規圧密粘性土のせん断特性の違いは，ちょうどゆるい砂と密な砂の関係に似ている．すなわち，軸差応力〜軸ひずみ関係は過圧密粘性土はピークを取った後低下するが，正規圧密粘性土は応力は徐々に増加し，明確なピーク値は取らない．また，排水せん断では過圧密粘性土が膨張傾向を示すのに対し，正規圧密粘性土では圧縮する傾向にある．非排水条件でせん断をすると，すでに砂質土で述べたことと同様の結果となる．

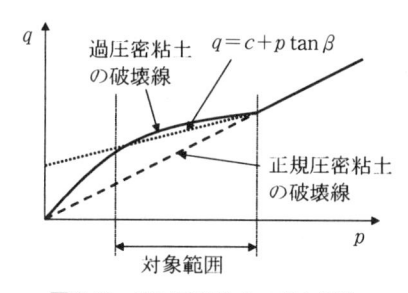

図 6.21 過圧密粘性土の応力経路

練習問題 6

1. ある乾燥砂について一面せん断試験を行ったところ，鉛直応力 $\sigma_v = 40\,\mathrm{kN/m^2}$ のとき，$\tau_h = 30\,\mathrm{kN/m^2}$ で破壊した．この土のせん断抵抗角と，破壊時の最大・最小主応力を求めよ．

2. $\phi_d = 30°$ の飽和砂を三軸試験機により圧密排水試験を行った．まず，$200\,\mathrm{kN/m^2}$ で等方圧密したのち，次の関係を満足するように拘束圧 (σ_3) を減らしながら，軸力 (σ_1) を増やした．

$$\frac{\Delta\sigma_3}{\Delta\sigma_1} = -\frac{1}{3}$$

この砂が破壊するとき軸差応力を求めよ．

3. 例題 6.4 と同じ粘土試料に対して，ふたたび圧密非排水三軸圧縮試験（CU 試験）を行った．まず，$600\,\mathrm{kN/m^2}$ の圧力で等方圧密が終了した後，側圧 σ_3 を一定に保った状態で排水を許さずに軸方向力を増加したところ，破壊時の過剰間げき水圧は $300\,\mathrm{kN/m^2}$ であった．この試料に対する ϕ_d の値を求めよ．

第7章

極限土圧

土圧とは，土が構造物と接する面に働く圧力であるから，広い意味においてはあらゆる方向の垂直応力を指すが，ここでは鉛直な壁面に作用する水平圧力に限定する．水平地盤中の鉛直方向の垂直応力は力の釣合いだけから求めることができる静定量であるが，水平方向の圧力や応力は力の釣合い条件のほかに，変形の適合条件が必要な不静定量である．変形の条件として水平方向のひずみが生じない状態として，静止土圧をすでに第3章において説明済みである．ここでは極限土圧，すなわち地盤が破壊した極限状態における土圧について議論する．

7.1 ランキン土圧

7.1.1 主働土圧

図7.1のような壁面の裏側が鉛直な擁壁によって支えられる地盤を考える．裏込め地盤の表面は水平とし，擁壁面と地盤との間には摩擦がないものとする．通常，土の鉛直な面は自立できないから，このような状態の場合，地盤は擁壁を押している．壁面と地盤の摩擦がなければ，この押す力は水平に働く．この力 P は未知であるが，擁壁が動き出したり，転倒しないためには左側から同じ力 P で押し返さなければならない．いま，この擁壁を少しずつ左に平行移動させたらどうなるであろうか．擁壁と地盤との間の力 P は次第に減少する．さらに，擁壁を左に移動させると，やがて地盤は崩れ出すであろう．このとき裏込め土は破壊したといってよい．

そこで，擁壁のすぐ裏側にある土の要素に働く応力の変化をモールの応力円を使って調べてみる．まず，擁壁が動く前の状態は水平方向のひずみは生じていないので静止土圧状態である．この状態のモールの応力円を図7.2の円 A で示す．ここで，鉛直応力 σ_v と水平応力 σ_h は以下の式で表される．

$$\sigma_v = \gamma \cdot z \tag{7.1-a}$$

$$\sigma_h = K_0 \cdot \sigma_v \tag{7.1-b}$$

ここで，γ は裏込め土の単体積重量，K_0 は静止土圧係数である．当面，地下水のない状態を考えることにする．したがって，式 (7.1) は全応力であるが，有効応力でもある．水平面と鉛直面は主応力面であり，σ_v が最大主応力，σ_h が最小主応力となる．粘着力は $c=0$ と仮定している．

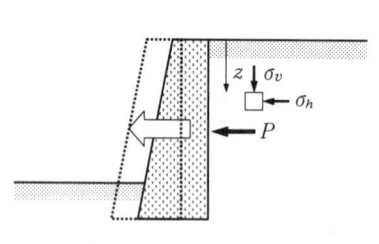

図7.1 擁壁に働く土圧

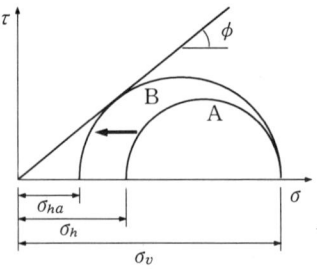

図7.2 主働状態のモールの応力円

擁壁を左にずらすと，σ_v は変化しない状態で，σ_h だけが減少する．モールの応力円は図7.2のBの状態で破壊線に接する．このときの σ_v と σ_h の関係は，図7.3より，次式となる．

$$\frac{\dfrac{\sigma_v-\sigma_h}{2}}{\dfrac{\sigma_v+\sigma_h}{2}}=\sin\phi \tag{7.2}$$

これより

$$\frac{\sigma_h}{\sigma_v}=\frac{1-\sin\phi}{1+\sin\phi} \tag{7.3}$$

となる．式(7.3)は鉛直応力 σ_v に対する水平応力 σ_h の比，すなわち土圧係数であり，この値を主働土圧係数(coefficient of active earth pressure) K_a と呼ぶ．これは，静止状態の水平応力によって，擁壁が水平移動し，そのために水平応力が減少して地盤が破壊したものである．主働という言葉は地盤が主体的に擁壁を押し出したもので，その状態で地盤が破壊する極限の状態を示している．裏込め土の表面からの深さ z において擁壁に作用する主働土圧 σ_{ha} は次式で表され，図7.4のように深さに比例する．

$$\sigma_{ha}=K_a\cdot\gamma\cdot z \tag{7.4}$$

主働土圧は三角形分布をするので，その合力 P_a は式(7.5)のように表され，その作用位置は擁壁の下からその高さ H の1/3のところである．

$$P_a=\frac{1}{2}\gamma H^2 K_a \tag{7.5}$$

以上の考えはランキン(Rankine)によって導かれたので，次に述べる受働土圧とともにランキン土圧(Rankine's earth pressure)と呼ぶ．

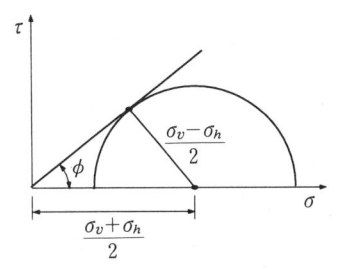

図7.3 破壊状態における主応力の関係

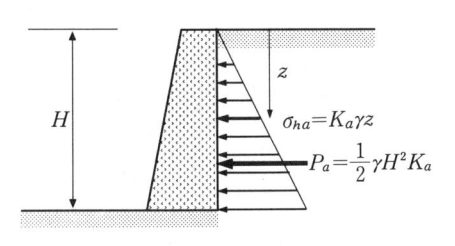

図7.4 主働土圧の分布

7.1.2 受働土圧

図7.1の静止状態にある擁壁の左から地盤に向かって押し込んだ場合を考えてみよう．この場合は主働状態とは逆に，水平応力 σ_h は増加する．裏込め土が破壊するまでをモールの応力円で表すと図7.5のようになる．モールの応力円が破壊包絡線に接する関係は主働状態と同じであるが，σ_v と σ_h が入れかわっている．すなわち，破壊時の土圧係数を $\sigma_{hp}=K_p\sigma_v$ と置いたときの受働土圧係数 (coefficient of passive earth pressure) K_p は次式となる．

$$K_p = \left(\frac{\sigma_h}{\sigma_v}\right)_p = \frac{1+\sin\phi}{1-\sin\phi} = \frac{1}{K_a} \tag{7.6}$$

このように，受働土圧係数は主働土圧係数の逆数である．受働状態は土が外から押された受身の状態で破壊するので，このような名前が付けられている．主働は"active"，受働は"passive"の和訳である．

静止状態から擁壁を左右に水平移動させたときの移動量 (δ_h) と土圧 (σ_h) の合力の関係を図7.6に示した．擁壁を左に移動させると，土圧は静止土圧から減少し，地盤が破壊した状態で一定値（主働土圧）に収束する．また，静止状態から擁壁を右に押し込むと，土圧は上昇し，やはり裏込め土が破壊して一定値（受働土圧）に収斂する．比較的わずかの変位で主働土圧にいたるが，受働状態になるにはかなりの擁壁を押し込む必要がある．

このように，主働状態と受働状態で土圧が異なる原因は，土にせん断強さがあるからである．土の自重で破壊しようとする主働状態では，自分自身の強さのために水平方向に働く力が減少することになる．一方，外力によって土を破壊させようとする受働状態では，土の強さが抵抗力となり，鉛直応力より大きな力が必要となるからである．

主働状態および受働状態のモールの応力円と破壊包絡線の接点の位置は図7.3に示したとおりである．主働状態では破壊面は σ_v の作用する面（すなわち水平面）から時計回りおよび反時計回りに $45°+\phi/2$ 回転した面である．したがって，裏込め土の破壊面（すべり面）は図7.7(a)のようになる．また，受働状態の破壊面は σ_h の作用する面（すなわち鉛直面）から時計回りおよび反時計回りに $45°+\phi/2$ 回転した面（すなわち水平面から $45°-\phi/2$ 回転した面）であり，図7.7(b)のような破壊面となる．このように，受働状態において破壊する

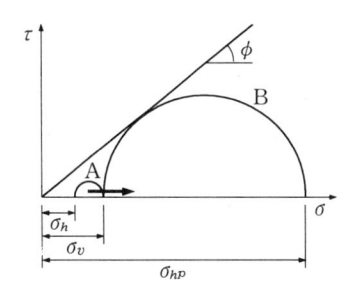

図7.5 受働状態のモールの応力円 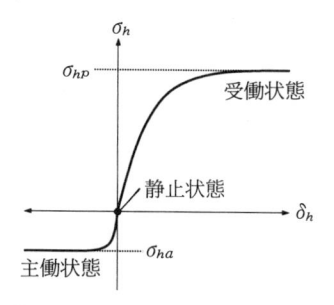　　**図7.6** 擁壁の変位量と土圧の関係

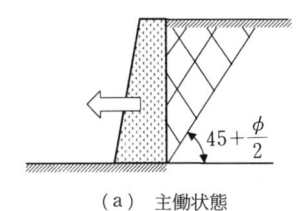

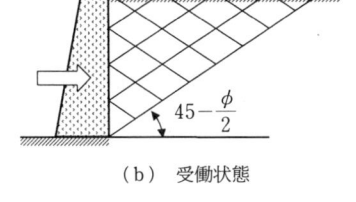

（a）主働状態　　　　　　（b）受働状態

図7.7 裏込め土のすべり面

地盤の範囲は主働状態に比べてはるかに大きい．このことも受働土圧が主働土圧よりはるかに大きくなる原因である．

高さ H の擁壁に働く受働土圧の合力は式(7.5)の K_a を K_p に置きかえればよく，次式となる．

$$P_p = \frac{1}{2}\gamma H^2 K_p \tag{7.7}$$

通常，擁壁が地盤を押し込むような受働状態は考えられないが，**図7.1**のような根入れのある擁壁の前面側の抵抗は受働状態となる．ただし，一般の設計ではこの受働土圧は無視することが通常で，これは安全側の近似である．

例題7.1

$\dfrac{1-\sin\phi}{1+\sin\phi} = \tan^2\left(45° - \dfrac{\phi}{2}\right)$ を導け．

【解答】

$$\frac{1-\sin\phi}{1+\sin\phi}=\frac{\left(\cos^2\frac{\phi}{2}+\sin^2\frac{\phi}{2}\right)-2\cos\frac{\phi}{2}\sin\frac{\phi}{2}}{\left(\cos^2\frac{\phi}{2}+\sin^2\frac{\phi}{2}\right)+2\cos\frac{\phi}{2}\sin\frac{\phi}{2}}=\left(\frac{\cos\frac{\phi}{2}-\sin\frac{\phi}{2}}{\cos\frac{\phi}{2}+\sin\frac{\phi}{2}}\right)^2$$

$$=\left(\frac{\sin 45°\cos\frac{\phi}{2}-\cos 45°\sin\frac{\phi}{2}}{\cos 45°\cos\frac{\phi}{2}+\sin 45°\sin\frac{\phi}{2}}\right)^2=\left(\frac{\sin\left(45°-\frac{\phi}{2}\right)}{\cos\left(45°-\frac{\phi}{2}\right)}\right)^2$$

$$=\tan^2\left(45°-\frac{\phi}{2}\right)$$

また，同様にして $\dfrac{1+\sin\phi}{1-\sin\phi}=\tan^2\left(45°+\dfrac{\phi}{2}\right)$ もなりたつ．

7.1.3 裏込め土の表面に荷重が働く場合

擁壁の背面にある裏込め土(back-fill soil)の表面に等分布荷重q_sが働く場合，いままでの理論をそのまま拡張することができる．すなわち，裏込め土の表面からzの深さにおける鉛直応力は

$$\sigma_v=\gamma\cdot z+q_s \tag{7.8}$$

したがって，主働土圧はσ_vにK_aを掛けて，

$$\sigma_{ha}=(\gamma\cdot z+q_s)K_a \tag{7.9}$$

となり，高さHの擁壁に働く合力は，

$$P_a=\frac{1}{2}\gamma\cdot H^2 K_a+q_s H K_a \tag{7.10}$$

となり，右辺第二項が新たに加わることになる．以上の関係を図7.8に示す．

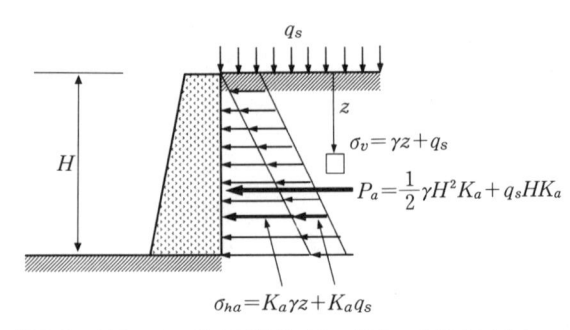

図7.8 裏込め土に地表面載荷がある場合の主働土圧分布

受働土圧については，K_a を K_p に置きかえ，右辺に第二項を加えればよいので，次式となる．

$$P_p = \frac{1}{2}\gamma \cdot H^2 K_p + q_s H K_p \tag{7.11}$$

7.1.4 粘着力 c がある場合

裏込め土に粘着力 c が存在する場合，破壊包絡線は**図7.9**に示すように，$c \cdot \cot\phi$ だけ左に平行移動する．したがって，破壊時の最大主応力 σ_1 と最小主応力 σ_3 の関係は次式となる．

$$\frac{B}{A} = K_p = \frac{1+\sin\phi}{1-\sin\phi} \tag{7.12-a}$$

$$A = \sigma_3 + c \cdot \cot\phi$$

$$B = \sigma_1 + c \cdot \cot\phi \tag{7.12-b}$$

これより，次式が導かれる．

$$\sigma_1 = \sigma_3 K_p + 2c\sqrt{K_p} \tag{7.13}$$

受働状態の場合には，$\sigma_1 = \sigma_{hp}$（深さ z における受働土圧），$\sigma_3 = \sigma_v$ とおけば，σ_{hp} は次式となる．

$$\sigma_{hp} = \sigma_v K_p + 2c\sqrt{K_p} = \gamma \cdot z \cdot K_p + 2c\sqrt{K_p} \tag{7.14}$$

また，その合力 P_p は次のようになる．

$$P_p = \frac{1}{2}\gamma \cdot H^2 K_p + 2cH\sqrt{K_p} \tag{7.15}$$

主働状態の場合には，式 (7.13) の σ_3 を σ_{ha}（深さ z における主働土圧），σ_1 を σ_v とおけば，σ_{ha} は次式となる．

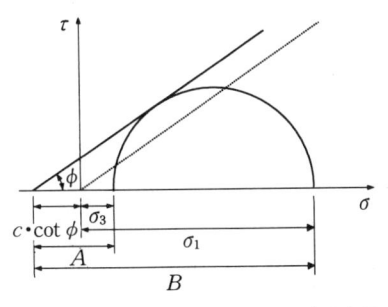

図7.9 粘着力 c がある場合の破壊条件

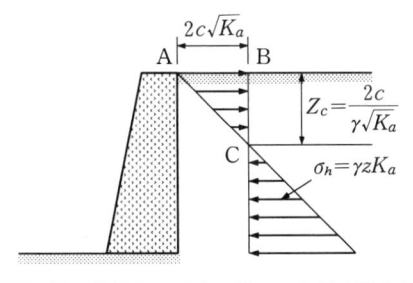

図7.10 粘着力 c がある場合の主働土圧分布

$$\sigma_{ha} = \frac{\sigma_v}{K_p} - \frac{2c}{\sqrt{K_p}} = \gamma \cdot z \cdot K_a - 2c\sqrt{K_a} \qquad (7.16)$$

主働土圧の合力を求める場合には注意が必要である．式 (7.16) を図示すると図 7.10 のようになり，裏込め土の表面から深さ Z_c の範囲は，主働土圧の値が負（すなわち，引張）となる．しかし，実際の擁壁と土との間には引張力は存在しえないので，この範囲の土圧はゼロとなる．正しい合力を求めるには，式 (7.16) を深さ方向に積分した値から，図 7.10 の三角形 ABC の面積を加えればよい．結局，粘着力が存在する場合の主働土圧の合力は次式となる．

$$P_a = \frac{1}{2}\gamma \cdot H^2 K_a - 2cH\sqrt{K_a} + \frac{2c^2}{\gamma} \qquad (7.17)$$

7.1.5 擁壁に作用する水圧と有効土圧

擁壁の背面に水が溜まると，その水圧が壁面に働く．水圧は全方向同じ圧力が作用するので，結局，水位面からの深さに比例した圧力が作用することになる．

このとき，擁壁に背面から働く力は水圧と有効応力である．ここまでの記述は全応力を用いてきたが，土中水のない場合を扱ってきたので，その考えはそのまま有効応力に置きかえればよい．ただし，土の単位重量として水中単位体積重量 $\bar{\gamma}$ を用いる必要がある．すなわち，図 7.11 のように，擁壁背面の土がその表面まで飽和している場合，主働状態の側圧 σ_{ha} は水圧と有効土圧の和として，次式で表される．

$$\sigma_{ha} = \gamma_w \cdot z + \bar{\gamma} \cdot z \cdot K_a \qquad (7.18)$$

また，その合力は次式となる．

$$P_a = \frac{1}{2}\gamma_w H^2 + \frac{1}{2}\bar{\gamma} \cdot H^2 K_a \qquad (7.19)$$

式 (7.19) の右辺第一項と第二項の違いは，密度 γ と土圧係数である．水は

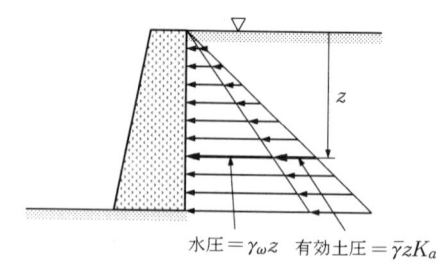

水圧 $= \gamma_w z$　　有効土圧 $= \bar{\gamma} z K_a$

図 7.11　擁壁に作用する水圧と有効土圧

せん断強さがないので，主働状態と受働状態の区別なく，鉛直圧力がそのまま水平方向に働くことになる．主働状態では，水圧の方が有効土圧よりはるかに大きくなるので，一般に擁壁背面には水が溜まらないように排水を考慮して設計する．

7.2 クーロン土圧

　ランキンが極限土圧の考えを発表する前に，クーロンは擁壁の背面土の中にすべり面を想定し，それと擁壁によって囲まれるくさび形の土塊が滑り出すときの力の釣合いから，擁壁に作用する土圧を推定する考え方を考案している．

　いま，**図 7.12(a)** に示すような擁壁の裏込め土の極限状態として，水平面と θ の角度をなす平面より上の土塊が滑り出す状態を考える．土塊 ABC に働く力は，土塊重量 W，擁壁からの反力 P およびすべり面 BC に沿った摩擦力 F である．このうち，W の大きさは三角形 ABC の面積より計算され，その方向は鉛直下向きに働く．土塊は下に滑り出そうとするから BC 面上の摩擦力 F はこの動きに逆らうように働く．したがって，裏込め土のせん断抵抗角を ϕ，粘着力 $c=0$ とすると，F の働く方向はすべり面の法線と ϕ の角度をなす．擁壁からの反力 P は，擁壁と裏込め土との摩擦角を δ とすれば，水平方向より δ だけ上向きに働くことになる．

　以上より，三角形 ABC に働く力の釣合いを表したものが **図 7.12(b)** である．三つの力のうち，W はその大きさと方向が既知であり，F と P は力の大きさは未知であるが，方向が既知であるので，P の大きさを求めることができる．

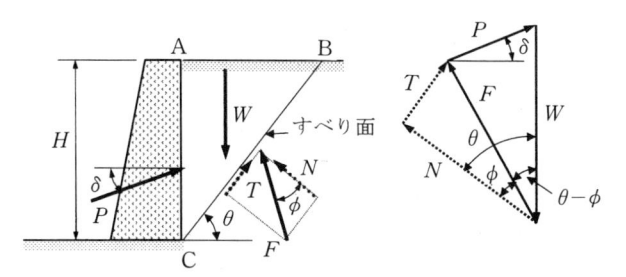

（a）極限状態で作用する力　　　（b）力の釣合い
図 7.12 クーロンの土楔に働く力の釣合い

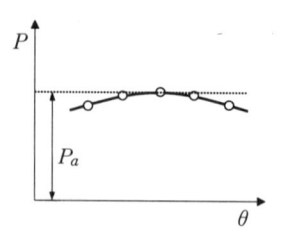

図7.13 すべり面の角度による土圧の変化

すべり面の角度 θ を変化させて P を求めると，**図7.13**のようになり，その極大値が求めたい主働土圧 P_a である．その理由は以下のとおりである．**図7.6**のように，静止状態より徐々に擁壁を左にずらしたとき，擁壁に働く土圧は静止土圧から徐々に減少し，主働状態に達したとき土は破壊する．したがって，主働状態はいくつかの仮想すべり線に対する土圧の中でもっとも大きな土圧とそのときのすべり線の方向が正解である．

クーロンによる土圧の求め方によれば，
① 裏込め土の表面は水平でなくてもよい．
② 擁壁の背面は鉛直でなくてもよい．
③ 擁壁と裏込め土の摩擦を考慮できる．

などの状態を考慮できる利点があり，これらはランキンの土圧論では考慮できなったことである．だたし，クーロンが仮定した，擁壁底部より直線のすべり線が生じ，三角形の土塊が滑り出すということに対して，理論的な証明はできない．また，ランキン土圧で求めた擁壁背面の土圧分布を求めることもできない．

ところで，ランキンの土圧を求めた**図7.1**の問題，すなわち，裏込め土の地表面が水平で，背面が鉛直な，そして土と擁壁間に摩擦がない擁壁について，すべり面の角度が θ の場合の土圧 P は以下の式になる．

$$P = W\tan(\theta - \phi) = \frac{1}{2}\gamma \cdot H^2 \cot\theta \cdot \tan(\theta - \phi) \qquad (7.20)$$

上式に関する極大値を求めると，主働土圧 P_a は式(7.5)と一致し，また，すべり線の角度 θ は $45° + \phi/2$ となり，ランキンの方法で求めた値と一致することから，クーロン土圧 (Coulomb's earth pressure) も正しいと推論できる．

受働土圧に関しても同様の方法でクーロン土圧を求めることができる．その

とき，擁壁と裏込め土の間の摩擦力の方向，および裏込め土中のすべり線に沿ったせん断力の方向が主働土圧の場合と逆になるので注意が必要である．また，受働土圧の場合は，想定した仮想すべり線に対する土圧の中で最小値が正解である．

例題 7.2

式 (7.20) の P の極大値が式 (7.5) の P_a に等しくなることを導け．

【解答】

$$P = \frac{1}{2}\gamma H^2 \cot\theta \cdot \tan(\theta-\phi)$$

$$\frac{\partial P}{\partial \theta} = \frac{1}{2}\gamma H^2 \left[\frac{-\sin^2\theta - \cos^2\theta}{\sin^2\theta}\tan(\theta-\phi) + \frac{\cos^2(\theta-\phi) + \sin^2(\theta-\phi)}{\cos^2(\theta-\phi)}\cot\theta \right]$$

$$= \frac{1}{2}\gamma H^2 \left[\frac{-\tan(\theta-\phi)}{\sin^2\theta} + \frac{\cot\theta}{\cos^2(\theta-\phi)} \right]$$

$$= \frac{1}{2}\gamma H^2 \frac{-\sin(\theta-\phi)\cos(\theta-\phi) + \sin\theta\cos\theta}{\sin^2\theta\cos^2(\theta-\phi)}$$

ここで，

$$\sin(\theta-\phi)\cos(\theta-\phi)$$
$$= (\sin\theta\cos\phi - \cos\theta\sin\phi)(\cos\theta\cos\phi + \sin\theta\sin\phi)$$
$$= \sin\theta\cos\theta(\cos^2\phi - \sin^2\phi) + \cos\phi\sin\phi(\sin^2\theta - \cos^2\theta)$$

$$= \frac{1}{2}\gamma H^2 \frac{-\sin\theta\cos\theta(\cos^2\phi - \sin^2\phi - 1) - \sin\phi\cos\phi(\sin^2\theta - \cos^2\theta)}{\sin^2\theta\cos^2(\theta-\phi)}$$

$$= \frac{1}{2}\gamma H^2 \frac{\sin 2\theta \sin 2\phi + \sin\phi\cos\phi\cos 2\theta}{\sin^2\theta\cos^2(\theta-\phi)}$$

$$= \frac{1}{2}\gamma H^2 \frac{\sin\phi(\sin 2\theta \sin\phi + \cos 2\theta \cos\phi)}{\sin^2\theta\cos^2(\theta-\phi)}$$

$$= \frac{1}{2}\gamma H^2 \frac{\sin\phi\cos^2(2\theta-\phi)}{\sin^2\theta\cos^2(\theta-\phi)}$$

$\frac{\partial P}{\partial \theta} = 0$ と置くと，$\cos(2\theta-\phi) = 0$

$$\therefore \quad 2\theta - \phi = 90°$$

$$\theta = 45° + \frac{\phi}{2}$$

$$P_a = \frac{1}{2}\gamma H^2 \cot\left(45° + \frac{\phi}{2}\right)\tan\left(45° - \frac{\phi}{2}\right)$$

$$= \frac{1}{2}\gamma H^2 \tan^2\left(45° - \frac{\phi}{2}\right) = \frac{1}{2}\gamma H^2 K_a$$

7.3 擁壁の設計

一般に擁壁 (retaining wall) の設計は，擁壁を構成する部材の強度上の検討と，擁壁全体が転倒や滑動するなどの安定問題に対する検討の二つに分かれる．図 7.14(d) に示すような RC 造の擁壁には曲げに対する前者の検討が必要である．一方，無筋コンクリートによる重力式擁壁 (gravity retaining wall) は曲げなどによる部材の応力の検討に対しては十分安全な断面であり，後者の安定問題が検討の対象となる．もちろん，RC 擁壁に対しても安定問題の検討などは必要である．安定問題は転倒や滑動などの極限状態を検討するものであり，応力度や変形の検討と区別して極限設計と呼ばれる．擁壁が安定を失う条件は次の三つである．

① 擁壁が底面前端部を中心に転倒する．
② 水平方向に滑り出す．
③ 底面の下の地盤が支持できなくなる．

このうち，③の地盤の支持力問題は次章で扱う．

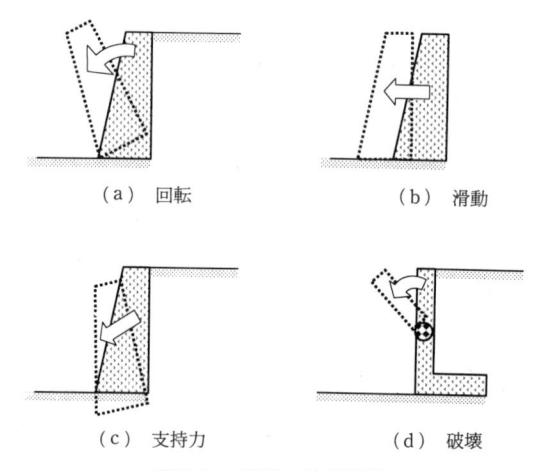

（a）回転 （b）滑動

（c）支持力 （d）破壊

図 7.14 擁壁の破壊形態

7.3.1 擁壁の転倒

擁壁の転倒を検討しようとする場合，基礎底面の支持力の心配がなければ，

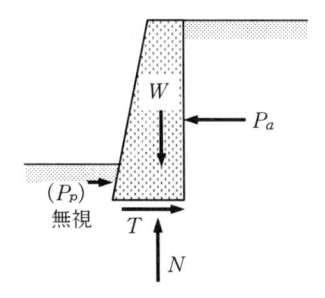

図7.15 極限状態の擁壁に働く力

転倒する直前の極限状態において，擁壁に働く力は**図7.15**のようになる．擁壁背面からは主働土圧の合力 P_a が作用する．擁壁背面の土圧は静止状態ならば主働土圧より大きな静止土圧が働く．

しかし，最終的に転倒する状態になると土圧は主働土圧まで減少することから，設計では主働土圧を採用する．擁壁前面には受働土圧 P_p が働くが，安全のためにこれを無視する．擁壁の自重 W がその重心に鉛直下向きに働く．擁壁底面からはこれに対する反力 N とすべりに対する抵抗力 T（いずれも合力）に分けて考えることができる．擁壁背面の摩擦力を無視すれば P_a は水平方向に働き，以上の力には以下の関係がある．

$$P_a = T \qquad (7.21\text{-a})$$
$$W = N \qquad (7.21\text{-b})$$

主働土圧 P_a による擁壁底面の端部（A点）回りの転倒モーメント（overturning moment）（M_T）に抵抗する要素は擁壁の自重 W が同様にA点まわりに働く抵抗モーメント（resisting moment）（M_R）である．すなわち，転倒しない条件は $M_T < M_R$ であるが，P_a がゼロから徐々に増加して転倒にいたる過程を以下のように考える．

擁壁底面に働く接地圧分布とその合力 N の関係は**図7.16**のようになる．P_a が働かないときは，底面全体で一様な接地圧分布で擁壁自重 W を支持するが，P_a の増加とともにやがて擁壁のかかとのB点において接地圧はゼロとなる．このときの N の作用位置は，接地圧分布を直線と仮定すると，A点から底面幅の1/3の位置である．さらに P_a が増加すると，N の作用位置はさらにA点に近づくとともに，擁壁底面と地盤面とは離れ始め，その部分では接

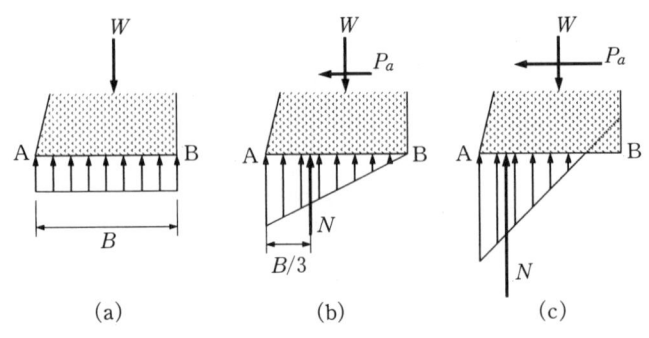

図7.16 擁壁底面の土圧分布

地圧は働かなくなる．接地圧分布は依然三角形であるが，次第にA点に近づき，極限状態でA点に働く集中荷重となる．この状態にいたると擁壁は転倒することになる．

このような考えから，設計においては安全を考慮して，擁壁転倒より手前の状態で，擁壁底面の一部で地盤と離間が開始する時点を限界とすることが考えられる．擁壁底面のいずれの部分においても接地圧が存在する限界として反力の合力 N の作用点が底面幅を三等分した中央に作用していることを確認すれば転倒に対して十分安全である．

7.3.2 擁壁の滑動

擁壁に働く土圧によって水平方向に滑動しないためには，次式がなりたつ必要がある．

$$\frac{T}{N} < \tan\delta \tag{7.22}$$

ここで，δ は擁壁底面と地盤との間の摩擦角である．設計においては安全率 SF を考慮して

$$\frac{N\tan\delta}{T} > SF \tag{7.23}$$

となる．一般に安全率は $SF=1.5$ 程度の値が採用されている．

例題 7.3

図のような高さ 1.75m のコンクリート製重力式擁壁を設計する．滑りに対する安全と，転倒に対する安全を確認せよ．転倒の安全は，擁壁底面に働く反力の作用点

が底面の中央 1/3 に入ることにより確認すること．なお，コンクリートの単位体積重量 γ_c は $24.0\,\mathrm{kN/m^3}$，底面と土との間の摩擦係数は 0.5，すべりに対する安全率は 1.5 とし，擁壁と裏込め土との間の摩擦はないものとする．また，通常は地耐力の検定も行うが，擁壁底面は十分硬い地盤であり今回は行わなくてよい．

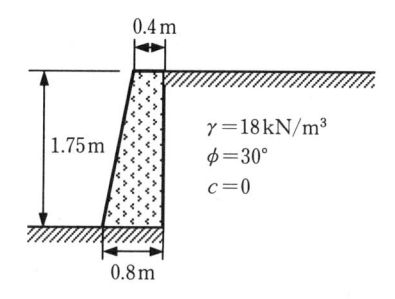

```
          0.4 m
          ├→├
          ┌──┐
          │ ╲│
  1.75 m  │  ╲│    γ = 18 kN/m³
          │   ╲│   φ = 30°
          │    ╲│  c = 0
          └─────┘
            0.8 m
```

【解答】 主働土圧は

$$P_a = \frac{1}{2}\gamma H^2 K_a = \frac{1}{2} \times 18 \times 1.75^2 \times \frac{1}{3} = 9.19\,\mathrm{kN/m}$$

$$K_a = \frac{1-\sin\phi}{1+\sin\phi} = \frac{1}{3}$$

＜すべりに関する検討＞

安全の条件は

W(擁壁重量)$\times 0.5$(摩擦係数)$/P_a \geq 1.5$(安全率)

∴ $W_{crit} = \dfrac{1.5}{0.5}P_a = 27.6\,\mathrm{kN/m}$

実際の重量は

$$W = \frac{0.4+0.8}{2} \times 1.75 \times 24 = 25.2\,\mathrm{kN/m}$$

$W \leq W_{crit}$　よって，安全ではない．

＜転倒に関する検討＞

擁壁のつま先(O点)に関するモーメントの釣合いより，

$$N \times x_2 = W \times x_1 - P_a \times y_1$$

W とその作用位置 (x) の積を図のように二つに分割して

$$W \times x_1 = W_1 \times x_{11} + W_2 \times x_{12}$$

$$= \frac{H(D_2-D_1)}{2}\gamma_c \times \frac{2}{3}(D_2-D_1) + HD_1\gamma_c \times \left(D_2 - \frac{D_1}{2}\right)$$

$$= \frac{1.75 \times 0.4}{2} \times 24 \times \frac{2}{3} \times 0.4 + 1.75 \times 0.4 \times 24 \times 0.6 = 2.24 + 10.08$$

$$= 12.32\,\mathrm{kN}$$

$$x_2 = \frac{12.32 - 9.19 \times \frac{1.75}{3}}{25.2} = 0.276\,\text{m}$$

$$x_2 > \frac{D_2}{3} = \frac{0.8}{3} = 0.267\,\text{m} \quad \text{よって，安全である．}$$

練習問題 7

1. 図に示す擁壁と裏込め土が与えられている．1）主働状態および2）受働状態のそれぞれに対して，
   a) 擁壁に働く土圧の鉛直方向分布
   b) 土圧の合力の大きさ及び作用位置
   c) すべり線の位置
を求めよ．

$q = 50\,\text{kN/m}^2$

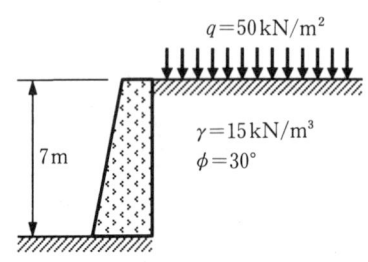

$7\,\text{m}$

$\gamma = 15\,\text{kN/m}^3$
$\phi = 30°$

2. 図に示す擁壁背面の水位が地表面まで上昇した．擁壁に働く主働土圧（全側圧）を求めよ．

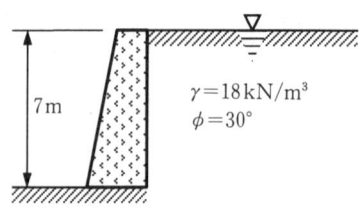

$7\,\text{m}$

$\gamma = 18\,\text{kN/m}^3$
$\phi = 30°$

第8章

浅い基礎

　建物はその自重や荷重の作用により受けた力を安全に地盤に伝えなければならない．建物と地盤の接点になるのが基礎である．地盤が比較的良好な場合は，地表面あるいは，ある程度掘削した地盤面に直接建物底面部分を載せる．このような形式の基礎を直接基礎と呼び，浅い基礎となることが多い．一般的に浅い基礎とは掘削深さが基礎幅より浅い場合をさす．

　基礎の設計は，その構造部材としての強度上の検討のほかに，地盤の強さや硬さが大きな影響を及ぼす．地盤の強さが不足すると建物が転倒したり大きな傾斜が生じる．また，地盤の硬さが足りずに建物が沈下を起こすこともある．以下，本章では，地盤の安定問題としての鉛直支持力と，地盤の変形問題としての沈下について扱う．

8.1 鉛直支持力

8.1.1 鉛直荷重～沈下特性

図 8.1 に示すような浅い基礎が鉛直荷重を受けると，沈下を生じる．荷重と沈下の関係を図示すると，図 8.2 の曲線となる．荷重が小さい間は，沈下量は荷重に比例して増加する．この範囲では地盤を弾性体として扱うことができる．荷重がしだいに増加すると，沈下量の増加の割合は増える．やがて，荷重は増えずに沈下のみが増加する状態にいたる．この状態の荷重を極限支持力 (ultimate bearing capacity) と呼ぶ．

図 8.3 はアルミ棒を積み重ねた上に基礎の模型を置いて，鉛直荷重を加えたものである．多重露光をした写真撮影によって，動いたアルミ棒と静止したものの区別ができる．アルミ棒の動きは基礎の下から側方を通って，地表面に達

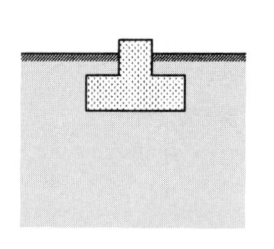

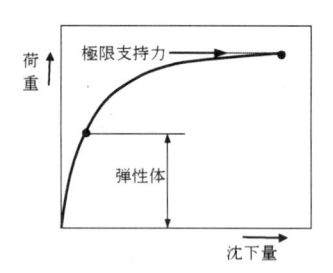

図 8.1 浅い基礎の模式図　　図 8.2 浅い基礎の荷重～沈下曲線

図 8.3 アルミ棒模型によるすべり線

している．大きく動いた棒の領域は破壊したものと考えられる．一方，動いていない棒の領域はひずみがほとんど生じていない．擁壁の裏込め土と同様に，基礎の下の地盤も破壊すると，そうでない部分との間に明瞭な境界（すべり線）が認められる．このように地盤の一部が大きく動いた状態は**図 8.2**の極限支持力の状態に対応する．

　基礎から鉛直荷重を受けた地盤が圧縮することにより，基礎が沈下することはあるが，それは限られた沈下量までである．地盤の圧縮性が少ない場合は，基礎が鉛直荷重を受けて大きな沈下をするには，地盤は結局ただひとつ開放された地表面に向かって移動するしかない．基礎が沈下することにより，基礎直下の地盤は下向きの動きをするが，それはその横の地盤を側方に押し，さらにその横に地盤を上方に押し上げる結果となる．このような破壊を全般せん断破壊（general shear failure）と呼ぶ．

8.1.2　極限釣合い理論 (ultimate equilibrium theory) による支持力

　鉛直荷重を受ける基礎の下の地盤の動き方を頭に置いて，前章で述べた擁壁背面土の極限状態における土圧の考え方を使って，浅い基礎の極限支持力を導いてみよう．

　図 8.4(a)に示すように，根入れ深さ D_f，幅 B の基礎が鉛直荷重 Q_{ult} を受けたときに，地盤が破壊して極限状態になったものとする．基礎の側方にある根入れ部分の地盤も強度をもち，基礎の支持力に抵抗するが，ここでは簡単のためにこの部分は**図 8.4(b)**に示すように，基礎底面の水平面上に上載圧 $q_s = \gamma D_f$ が働く効果のみ考える．

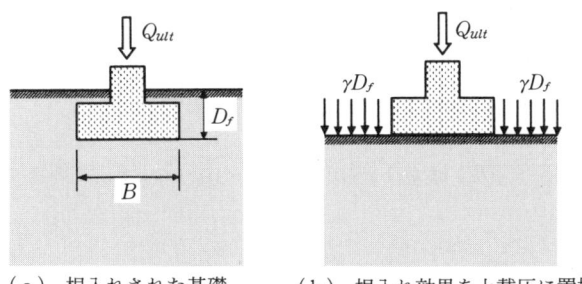

（a）根入れされた基礎　　（b）根入れ効果を上載圧に置換

図 8.4　浅い基礎の根入れ効果

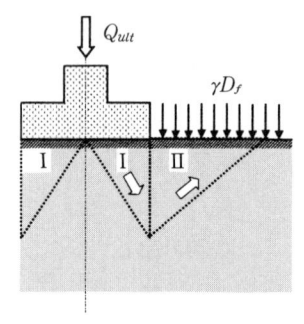

図8.5 二つのくさびによる極限釣合い理論

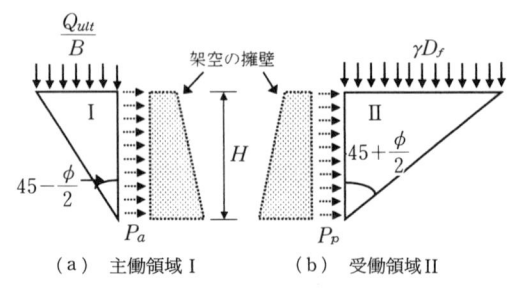

図8.6 ランキンの極限土圧の適用

(a) 主働領域 I
(b) 受働領域 II

地盤が極限状態になったとき，地盤内に二つの塑性くさびが**図8.5**のように動くものと仮定する．三角形 I は基礎から鉛直荷重を受け，右下に動くとともに，三角形 II を右に押し出す．押された三角形 II は右上に動き出す．そこで，三角形 I は**図8.6(a)**に示すように，その右側に架空の擁壁があるのと考えれば，裏込め土表面に極限荷重 Q_{ult}/B の等分布荷重が働く場合の主働状態にあると考えられる．擁壁と土との間に摩擦がないものとすると，擁壁にはランキンの主働土圧 P_a が水平方向に作用する．

一方，三角形 II もその左側に架空の擁壁を考えると，裏込め土表面に等分布荷重 γD_f が働く場合に，擁壁から水平力を受けて，受働状態になったと考えることができる（**図8.6(b)**）．このときの受働土圧 P_p と三角形 I の主働土圧 P_a が等しいと置いて，Q_{ult} を求める．

三角形 I の主働土圧（合力）P_a は

$$P_a = \frac{1}{2}\gamma H^2 K_a + \frac{Q_{ult}}{B} H \cdot K_a \tag{8.1}$$

ここで，擁壁の高さ H は**図8.6(a)**より

$$H = \frac{B}{2}\tan(45°+\phi/2) \tag{8.2}$$

となり，$\tan(45°+\phi/2)$ は $\sqrt{(1+\sin\phi)/(1-\sin\phi)} = \sqrt{K_p}$ に等しいので（例題7.1参照）

$$H = \frac{B}{2}\sqrt{K_p} \tag{8.3}$$

となる．式(8.1)を変形すると，

$$\frac{Q_{ult}}{B} = \frac{P_a}{H}\frac{1}{K_a} - \frac{1}{2}\gamma H = \frac{2P_a}{B}\frac{1}{K_a\sqrt{K_p}} - \frac{1}{4}\gamma B\sqrt{K_p}$$

$$= \left(\frac{2P_a}{B} - \frac{1}{4}\gamma B\right)\sqrt{K_p} \tag{8.4}$$

一方，三角形IIに働く受働土圧 P_p は

$$P_p = \frac{1}{2}\gamma H^2 K_p + q_s H \cdot K_p = \frac{1}{8}\gamma B^2 K_p^2 + \frac{1}{2}q_s B \cdot K_p^{\frac{3}{2}} \tag{8.5}$$

P_p を式 (8.4) の P_a に代入すると，

$$\frac{Q_{ult}}{B} = \frac{1}{4}\gamma B \cdot K_p^{\frac{5}{2}} + q_s K_p^2 - \frac{1}{4}\gamma B K_p^{\frac{1}{2}}$$

$$= \frac{1}{4}\left(K_p^{\frac{5}{2}} - K_p^{\frac{1}{2}}\right)\gamma B + K_p^2 \cdot q_s \tag{8.6}$$

ここで，

$$\frac{1}{2}\left(K_p^{\frac{5}{2}} - K_p^{\frac{1}{2}}\right) = N_\gamma \tag{8.7}$$

$$K_p^2 = N_q \tag{8.8}$$

とおけば，求める極限支持力は次式となる．

$$q_u = \frac{Q_{ult}}{B} = \frac{1}{2}\gamma B N_\gamma + \gamma D_f N_q \tag{8.9}$$

ここで，N_γ，N_q は支持力係数 (bearing capacity factor) と呼び，これらはせん断抵抗角 ϕ のみの関数で表される．式 (8.9) の第一項は基礎直下の地盤の自重が抵抗する要素であり，第二項は基礎の根入れによる上載荷重に起因する抵抗である．

8.1.3 極限支持力と支持力係数

　テルツァギは，それ以前に金属材料の押し抜き (パンチング) 破壊に関するプラントル (Prandtl) の理論を発展させ，地盤に対する浅い基礎の極限支持力

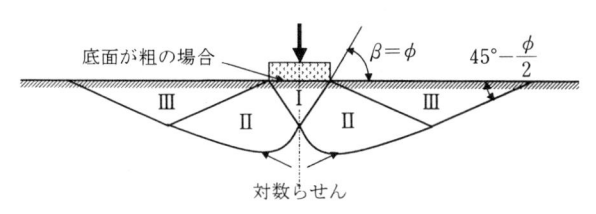

図 8.7 テルツァギの極限支持力理論

を定式化した．地盤は完全塑性体として，その地表面の一部に分布荷重を受ける平面ひずみ問題を考えた．結論からいうと，基礎底面が粗な場合には，**図8.7**に示すように，領域ⅠからⅢの破壊パターンとなる．領域Ⅰはランキンの主働状態で，角度 β は地盤の内部摩擦角 ϕ に等しいと仮定している．領域Ⅲはランキンの受働状態であり，領域Ⅰとの間に領域Ⅱとして，放射せん断領域を考える．このすべり線は**図8.3**に示したアルミ棒の実験結果とよく似ている．

結局，次式の形の支持力式が得られる．

$$q_u = cN_c + \frac{1}{2}\gamma B N_\gamma + \gamma D_f N_q \qquad (8.10)$$

ここで，記号は前出のものであり，省略する．

第一項は地盤の粘着力による抵抗，第三項は根入れ効果(effect of embedment)を押さえ荷重と考えた場合の抵抗であり，いずれも地盤の自重を無視したプラントルとライスナー(Reissner)の解(次式)である．

$$N_q = \frac{1+\sin\phi}{1-\sin\phi}\cdot\exp(\pi\tan\phi) \qquad (8.11)$$

$$N_c = (N_q - 1)\cot\phi \qquad (8.12)$$

式(8.10)の第二項は土の自重による抵抗として，テルツァギは**図8.7**の領

表8.1　直接基礎の支持力係数

ϕ	N_c	N_γ	N_q
0	5.1	0.0	1.0
5	6.5	0.1	1.6
10	8.3	0.4	2.5
15	11.0	1.1	3.9
20	14.8	2.9	6.4
25	20.7	6.8	10.7
30	30.1	15.7	18.4
32	35.5	22.0	23.2
34	42.2	31.1	29.4
36	50.6	44.4	37.8
38	61.4	64.1	48.9
40 以上	75.3	93.7	64.2

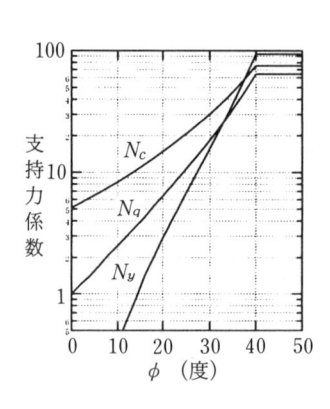

図8.8　直接基礎の支持力係数[5]

域IIおよびIIIの半分の自重によるモーメントから図式計算によってこれを求めている．いずれにしてもテルツァギは別個に求めた抵抗を重ね合わせた解を提案しているのであるが，これは安全側の値であることが証明されている．土の自重による支持力係数N_γは以下に示すマイヤーホフ(Meyerhof)の近似解が安全側の値を与えることがわかっている．

$$N_\gamma = (N_q - 1)\tan(1.4\phi) \tag{8.13}$$

現在，これらをもとにした日本建築学会で提案している支持力係数N_c, N_γ, N_qを図8.8および表8.1に示す．また，日本建築学会では基礎の形状や寸法，さらに傾斜荷重の影響を考慮した次式を推奨している．

$$R_u = q_u \cdot A = (i_c \cdot \alpha \cdot c \cdot N_c + i_\gamma \cdot \beta \cdot \gamma_1 \cdot B \cdot \eta \cdot N_\gamma + i_q \cdot \gamma_2 \cdot D_f \cdot N_q)A \tag{8.14}$$

ここで，

R_u：直接基礎の極限鉛直支持力

q_u：単位面積あたりの極限鉛直支持力

A：基礎の底面積

N_c, N_γ, N_q：支持力係数，式(8.11)－式(8.13)

c：支持地盤の粘着力

γ_1：支持地盤の単位体積重量

γ_2：根入れ部分の土の単位体積重量

α, β：基礎の形状係数(表8.2)

η：基礎の寸法効果(scale effect)による補正係数式(8.15)

D_f：根入れ深さ

i_c, i_γ, i_q：荷重の傾斜に対する補正係数式(8.16)

B：基礎幅

表8.2 基礎の形状係数

	連続	正方形	長方形	円形
α	1.0	1.2	$1.0 + 0.2\dfrac{B}{L}$	1.2
β	0.5	0.3	$0.5 - 0.2\dfrac{B}{L}$	0.3

B：長方形の短辺長さ，L：長方形の長辺長さ

砂地盤のN_γには，基礎幅の増加とともに減少する性質(寸法効果)がある．

そこで，鉛直荷重のみが作用する場合に限って，次式の低減を行うことにしている．

$$\eta = \left(\frac{B}{B_0}\right)^n \tag{8.15}$$

ここで，

B：基礎の短辺幅

B_0：規準幅（$=1.0\,\mathrm{m}$）

n：係数 $\left(=-\dfrac{1}{3}\right)$

図8.9のように基礎底面に作用する荷重が傾斜している場合，あるいは鉛直荷重のほかに水平力やモーメントが働く場合にはそれらの影響を考慮して次のように補正する．

$$i_c = i_q = \left(1 - \frac{\theta}{90}\right)^2 \tag{8.16}$$

$$i_\gamma = \left(1 - \frac{\theta}{\phi}\right)^2 \quad \text{ただし，} \theta > \phi \text{のときは} \quad i_\gamma = 0 \text{とする．}$$

ここで，

θ：荷重の傾斜度（度）

$\tan\theta = \dfrac{H}{V}$ （H：水平荷重，V：鉛直荷重）

ϕ：土のせん断抵抗角（度）

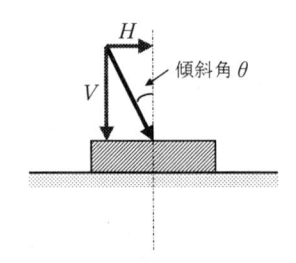

図8.9 直接基礎に働く傾斜荷重の考え方

例題 8.1

粘着力 c がある場合について，式 (8.9) を導いた場合と同様の方法により，次式の支持力係数 N_c を求めよ．

$$\frac{Q_{ult}}{B} = cN_c + \frac{1}{2}\gamma BN_\gamma + \gamma D_f N_q \tag{8.17}$$

【解答】 三角形 II に働く受働土圧は式 (7.11), (7.15) より，

$$P_p = \frac{1}{2}\gamma H^2 K_p + q_s H \cdot K_p + 2cH\sqrt{K_p}$$

$$= \frac{1}{8}\gamma B^2 K_p^2 + \frac{1}{2}q_s B \cdot K_p^{\frac{3}{2}} + cBK_p \tag{8.18}$$

三角形 I の主働土圧は式 (7.10), (7.17) より，

$$P_a = \frac{Q_{ult}}{B} H \frac{1}{K_p} + \frac{1}{2}\gamma H^2 \frac{1}{K_p} - 2cH\frac{1}{\sqrt{K_p}} \tag{8.19}$$

$$\frac{Q_{ult}}{B} = \frac{2P_a}{B}\sqrt{K_p} - \frac{1}{4}\gamma \cdot B\sqrt{K_p} + 2c\sqrt{K_p} \tag{8.20}$$

上式の P_a に式 (8.18) を代入して，

$$\frac{Q_{ult}}{B} = \frac{1}{4}\gamma \cdot BK_p^{\frac{5}{2}} + q_s K_p^2 + 2cK_p^{\frac{3}{2}} - \frac{1}{4}\gamma \cdot BK_p^{\frac{1}{2}} + 2cK_p^{\frac{1}{2}}$$

$$= c \cdot \left(\frac{K_p^{\frac{3}{2}} + K_p^{\frac{1}{2}}}{2}\right) + \frac{1}{2}\gamma \cdot B\left(\frac{K_p^{\frac{5}{2}} - K_p^{\frac{1}{2}}}{2}\right) + q_s K_p^2 \tag{8.21}$$

$$\therefore \quad N_c = \frac{1}{2}(K_p^{\frac{3}{2}} + K_p^{\frac{1}{2}})$$

8.2 沈 下

基礎の沈下は，構造物の荷重が地盤に作用すると同時に (あるいは極めて短期間に) 起こる即時沈下 (immediate settlement) と，時間の経過とともにゆっくり起こる圧密沈下 (consolidation settlement) に分けて考えるのがわかりやすい．飽和した土が圧縮する場合は間隙水の流出が必要であり，透水性の低い粘性土では，そのための時間を要する．これが圧密沈下である．したがって即時沈下は砂質土のように透水性のよい土の圧縮，または粘性土の場合はせん断変形によって起こる．

8.2.1 即時沈下

（1） 弾性地盤上の基礎の沈下

鉛直荷重を受ける浅い基礎の荷重と沈下量の関係は**図 8.2** のようになる．こ

の初期の段階では荷重と沈下量は比例関係にあり,地盤を弾性体として扱うことができる。半無限弾性体の表面に分布荷重が働く場合の地中応力変化は,第3章でくわしく述べた。この応力変化に対して生じる鉛直ひずみを深さ方向に積分すれば地表面の沈下量を求めることができる。基礎の境界条件により,結果は次の式で表される。

$$S_E = I_s \frac{1-\nu^2}{E} q \cdot B \qquad (8.22)$$

ここで,

S_E:即時沈下量　　B:基礎の短辺長さ
q:基礎の平均荷重度　　E:地盤のヤング係数
ν:地盤のポアソン比
I_s:基礎の形状と剛性によって決まる沈下係数 (deflection coefficient)
(表 8.3)

表 8.3 基礎の沈下係数

底面形状	基礎の剛性	底面上の位置		I_s
円 (直径 B)	0	中 央		1
		辺		0.636
	∞	全 体		0.785
正方形 ($B \times B$)	0	中 央		1.122
		隅 角		0.561
		辺の中央		0.767
	∞	全 体		0.88
長方形 ($B \times L$)	0	隅 角	$L/B=1$	0.56
			1.5	0.68
			2.0	0.76
			2.5	0.84
			3.0	0.89
			4.0	0.98
			5.0	1.05
			10.0	1.27
			100.0	2.00

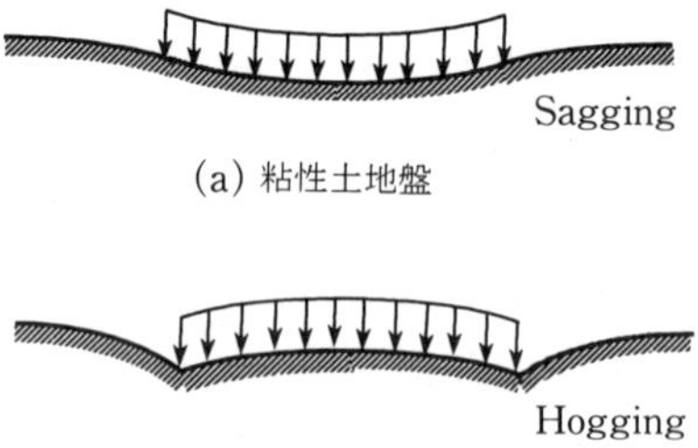

(a) 粘性土地盤　Sagging

(b) 砂質土地盤　Hogging

図 8.10　基礎の不同沈下

表8.3には基礎の剛性が無限大(完全剛)とゼロ(完全柔)の両極端の場合のI_sを載せてある．完全剛の場合，基礎は剛体であり，変形しないので，沈下量はどの位置でも等しい．完全柔の場合は，一般に基礎の中央で最大，端部で最小の下に凸の沈下量を示す．有限な剛性をもった基礎の沈下はこの両者の中間にある(図8.10(a))．

砂地盤上に置かれたたわみ性基礎の沈下の形が，図8.10(b)のように上に凸になる場合がある．これは，基礎下の地盤の拘束圧が基礎中央では高く，端部では小さくなることが原因で，土の剛性が拘束圧に依存する砂地盤の場合には，剛性が小さくなる端部の沈下が中央部より大きくなるからである．このように上に凸の沈下形状を"Hogging"，また下に凸のものを"Sagging"と呼ぶことがある．

建物が下に凸の変形をすると，図8.11のように建物全体を梁と考えると，下側が引張となる曲げを受けるので，建物中央部の下から上に向かって曲げひび割れが発生する．また，せん断により八の字型のせん断ひび割れが入る．このようなひび割れがみられたら，建物が下に凸の変形をしているものと判断できる．

基礎底面と地盤の接触面における接地圧は，完全柔の場合は荷重分布そのものを示すが，完全剛の場合は図8.12(a)に示すように一般に，端部で最大，中央で最小の分布形を示す．地盤が弾性体ならば，理論的には端部の接地圧は無限大となるが，実際の地盤では有限な値となるのは，局部的に地盤が塑性化し，ある値以上の圧力を支持できなくなるからである．地盤の弾性範囲を越えて，

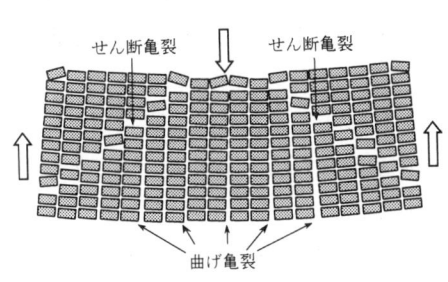

図8.11 下に凸の沈下したときのひび割れ

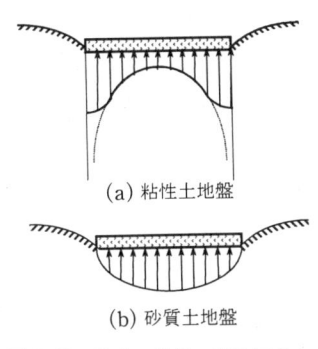

図8.12 基礎と地盤の接地圧分布
(a) 粘性土地盤
(b) 砂質土地盤

さらに載荷すると，最終的には拘束圧の大きい中央部分の接地圧が大きくなり，拘束圧の小さい端部の接地圧が小さくなる（図8.12(b)）．

(2) 地盤のヤング係数とポアソン比

式(8.22)を用いて基礎の沈下を計算するには，地盤のヤング係数が必要である．地盤が弾性的性質を示すのは，図8.2の荷重～沈下曲線のごく初期に限られ，ほとんどは曲線（非線形挙動）を示す．このような場合の扱いとして，この曲線の原点といま対象としているひずみレベルにおける点を結んだ割線の勾配を等価なヤング係数と考える方法で，このようにして求めた弾性係数を等価弾性係数と呼ぶ．等価弾性係数はひずみレベルが大きくなると小さくなる性質がある．したがって，等価弾性係数は作用する荷重や地盤内の位置によって異なる値を取ることになるが，これでは式(8.22)は使えないので，地盤全体にわたって均一なヤング係数をもつと仮定して計算を行う．次式のような経験式が実務的な設計では使われる場合が多い．

砂地盤の場合は，等価弾性係数 E は標準貫入試験の N 値と関係付け，

$$\text{正規圧密された砂}: E = 1400N \text{(kN/m}^2\text{)} \qquad (8.23)$$

$$\text{過圧密された砂} \quad : E = 2800N \text{(kN/m}^2\text{)} \qquad (8.24)$$

粘土地盤では，非排水せん断強度 c_u と関係付けて

$$E = (50 \sim 200)c_u \qquad (8.25)$$

地盤のポアソン比は排水条件に大きな影響を受ける．砂地盤では，即時沈下といえども排水条件であるので，排水状態の値（ほぼ0.3程度と考えてよい）を用いる．粘土地盤では，即時沈下はせん断変形が主で，非排水状態（すなわち非圧縮）であるので，$\nu = 0.5$ として計算する．

小さな基礎による鉛直載荷試験を行い，その結果を使って実物の基礎の沈下を予測する方法がある．試験は，幅が30 cmの剛な正方形または円形平板に鉛直荷重を加え，沈下量を測定するものである．この試験における式(8.22)の S_E, I_s, q, B は既知であり，地盤の $(1-\nu^2)/E$ が求まる．同じ地盤に対して（すなわち $(1-\nu^2)/E$ が同じ），実際の基礎の I_s, q, B を用いて，実物の基礎の S_E を予測できる．これが平板載荷試験による沈下予測法である．

この方法は地盤の性質が深さに関係なく，均一であれば正しい予測ができるが，通常，地盤は図8.13のように，異なる層からなっている場合が多く，30

cm の平板載荷試験ではその影響が現れないところにある深い位置の地層が，実際の基礎では大きな影響を及ぼすことがあるので注意が必要である．

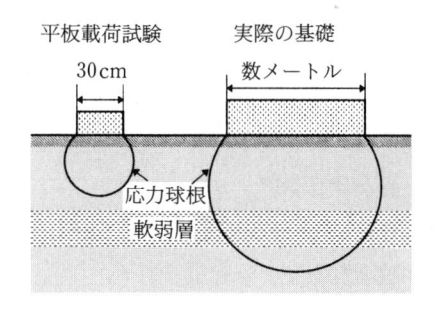

図 8.13 平板載荷試験と実際の基礎の関係

例題 8.2

図に示す砂地盤に支持される正方形基礎の中心に $P=1\text{MN}$ の鉛直荷重が作用した場合の即時沈下量を求めよ．地下水位は十分に深く，基礎の剛性は十分高いものとする．地盤のヤング係数は $20000\,\text{kN/m}^2$ である．

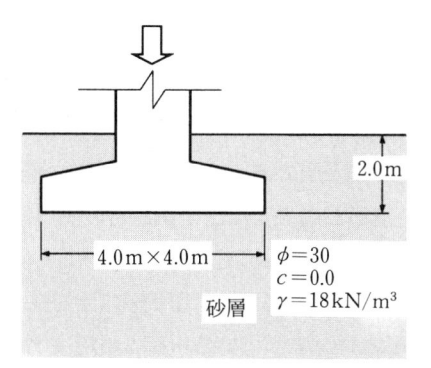

【解答】 即時沈下量

鉛直荷重　$P=1000\,\text{kN}$

平均接地圧　$q=\dfrac{1000}{16}=62.5\,\text{kN/m}^2$

沈下係数　$I_s=0.88$ （完全剛な正方形基礎）

$S_E = qB\dfrac{1-v^2}{E}I_s = 62.5 \times 4.0 \times \dfrac{1-0.09}{20000} \times 0.88 = 0.010\,\text{m}$

8.2.2 圧密沈下

圧密沈下とは，間隙水が流出することが土の圧縮に対して抵抗として働く場合に，圧縮するのに時間的な遅れが生じる現象である．即時沈下でも間げき水の流出が起こるが，土の透水性がよい場合はこの流出が短時間に終了するだけの違いである．したがって，沈下が終了した段階では両者に違いはなく，透水の現象を考慮する必要がない即時沈下の考え方が圧密沈下に対しても適用できる．有限な層厚の粘土層が建物基礎よりかなり深いところに存在する場合には，この粘土層の圧密はほぼ鉛直方向のみに生じると考えてよいので，このような場合には一次元圧密理論の解を使えば簡単である．

軟弱な厚い粘性土層の上に基礎が置かれると，三次元的な圧密を考慮しなければならないが，このような場合は設計上むしろ，沈下よりも 8.1 で述べた支持力が問題となることが多いことが圧密沈下を一次元問題に限定して検討している理由である．第5章で述べたように，鉛直方向にのみ圧縮する場合の沈下量は式 (5.12) によって求めることができる．

8.2.3 許容支持力と許容沈下量

基礎の設計において，地盤に関する検討の考え方は次の二点である．
① 地盤の極限支持力に対して，十分安全なこと．
② 基礎の沈下量が許容沈下量を上回らないこと．

① は載荷重が地盤の支持力の限界を超え，地盤破壊によって構造物を支持できなくなる危険に対して安全であることを確保している．しかし，地盤の支持力は十分あっても，変形が過大となって構造物の使用上の障害を起こすことがないように ② が設定されている．

建物はその位置によって異なる沈下(不同沈下)を生じる．不同沈下は**図 8.14** に示すように，剛体的な変位である一様な沈下と傾斜および変形を伴う相対沈下に分けて考える．剛体的な沈下は建物の使用上の支障をもたらすが，構造的にはそれほど大きな問題はない．しかし，相対沈下はせん断変形(変形角)を生じさせることになるので，構造体にひび割れなどの障害をもたらすことがある．変形角と建物の障害については，経験的に**表 8.4** のような関係があるといわれる．

許容支持力の検討は，通常，次式のように，極限支持力を安全率(safety

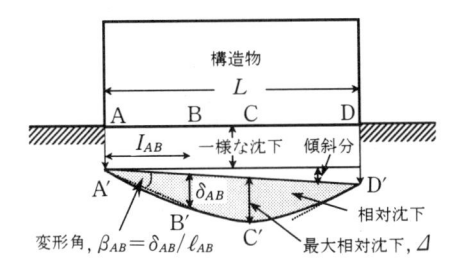

図 8.14 建物の相対沈下

表 8.4 不同沈下による変形角と建物の障害

被害の分類	変形角, δ/l
沈下に敏感な機械類の障害	1/750
筋かい付きフレームの障害	1/600
ひび割れの許されない建物の限界	1/500
壁面の最初のひび割れクレーンの走行障害	1/300
剛な高層建物の傾斜が目視でわかる	1/250
壁面に異常なひび割れ通常の建物に構造的被害発生レンガ壁に対する安全の限界	1/150

factor)で除した許容支持力(allowable bearing capacity)を作用荷重が上回らないことを確認するが,これは極限支持力を導く過程で生じるいろいろな不確実性(モデルの妥当性や地盤定数の評価など)や荷重の不確実性を考慮して,極限状態にいたる可能性を十分に低くするためである.

$$作用荷重 \leq 許容支持力 = \frac{極限支持力}{安全率} \qquad (8.26)$$

一方,許容沈下量(allowable settlement)の検討では,予測される沈下量が,構造上あるいは使用上何らかの障害をもたらす限界沈下量(critical settlement),またはそれよりやや低めの許容沈下量以下になるように次式で検討する.

$$予測沈下量 \leq 許容沈下量 < 限界沈下量 \qquad (8.27)$$

実際の設計では式(8.26)と式(8.27)をともに満足する必要があるので,浅い基礎の場合,**図 8.15** に示す範囲において設計可能となる.すなわち,支持力の検討においては,式(8.10)からわかるように,**図 8.15**(a)の砂質土地盤ならば一般に基礎幅とともに単位面積あたりの許容支持力は増加する.

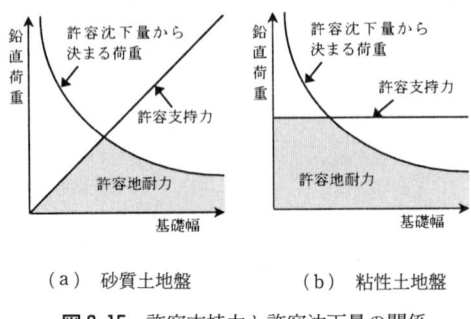

```
(a) 砂質土地盤          (b) 粘性土地盤
```
図 8.15 許容支持力と許容沈下量の関係

　一方，単位面積あたりの分布荷重が一定ならば，沈下量は基礎幅が増加とともに増加するので，許容沈下量を与える荷重度は基礎幅の増加とともに減少する．二つの条件を満足する領域はこれらの曲線の下側部分となる．粘性土地盤の場合も同様の考えから，設計可能な領域は同図(b)のようになる．建築基礎の分野では，このような許容支持力と許容沈下量の両者を満足するように決めた値を許容地耐力と呼ぶことがある．

練習問題 8

1. 図に示す砂地盤に支持される正方形基礎の長期許容支持力を求めよ．地下水位は十分に深く，基礎の剛性は十分高いものとする．安全率 = 3 として計算せよ．

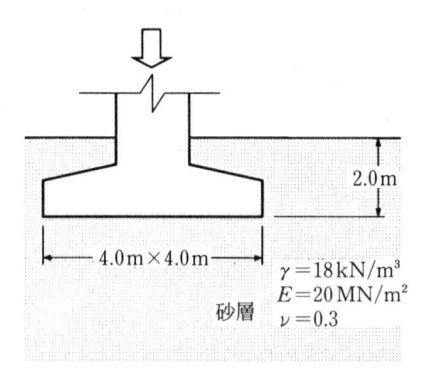

```
基礎: 4.0m × 4.0m
根入れ深さ: 2.0m
砂層: γ = 18 kN/m³
      E = 20 MN/m²
      ν = 0.3
```

2. 例題 8.2 と同じ地盤において，根入れ深さ 2m，直径 4m の完全柔な円形基礎の中央と辺部の沈下量を求めよ．鉛直荷重は $P = 1000$ kN が等分布に働くものとする．

第9章

杭基礎

 建物の重量は，直接基礎によって地盤に伝えることが望ましい．しかし，基礎直下の地盤の支持力が足りない場合や，沈下量が大きくなることが予想される場合は，もっと深いところにある堅固な地盤に建物荷重を伝えなければならない．このために杭基礎を採用する．杭基礎の施工には各種の方法があり，施工方法により杭の性能は大きく変化する．そこで本章では，杭の施工法と鉛直支持力の基本的考え方について解説する．

 また，わが国では地震時の安全の確保が必要である．地震荷重によって，杭には鉛直力の変化に加えて水平力が働くので，これらの力に対する検討も必要である．

9.1 杭の種類と施工法

9.1.1 既製杭材料による分類

(1) 既製コンクリート杭

わが国の既製コンクリート杭 (prefabricated concrete pile) は鉄筋とコンクリートを円筒形の型枠に入れて回転し，遠心力による成型を行うものが大部分である．したがって，杭は中空円筒状であり，その肉厚中心に補強鉄筋が軸方向に配置されている．既製コンクリート杭の標準的な構造を**図9.1**に示す．

補強筋は通常の鉄筋を使った鉄筋コンクリート杭 (reinforced concrete：RC 杭) もあるが，多くは PC 棒鋼 (または PC 鋼線) によってプレテンション方式によるプレストレスを導入した高強度プレストレスト・コンクリート杭である (PHC 杭)．このプレストレスを導入する理由は，コンクリートはその圧縮強度に比べて引張強度が著しく小さく，杭の運搬・施工・供用期間を通じて，コンクリートに引張による亀裂や破壊が生じるのを防ぐためである．PHC 杭が曲げモーメントを受けたときの応力状態を**図9.2**に示す．

PHC 杭は日本工業規格 JIS A 5337 でプレストレス量に応じて A，B，C 種に分類されるとともに，各種の性能が規格化されている．長さは 5～15m，外径は 300～1200mm がつくられている．このため，長い杭が必要な場合は溶接などの方法によって，杭を継いで使い，杭一本の支持力では足りない場合は柱下にまとめて複数の杭を群杭として使うことになる．

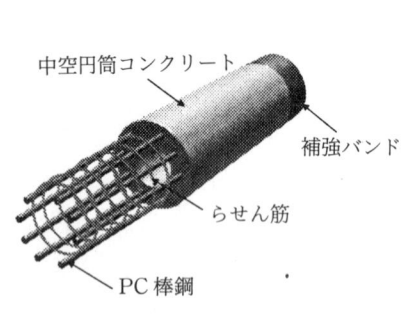

図9.1 既製コンクリート杭の標準構造

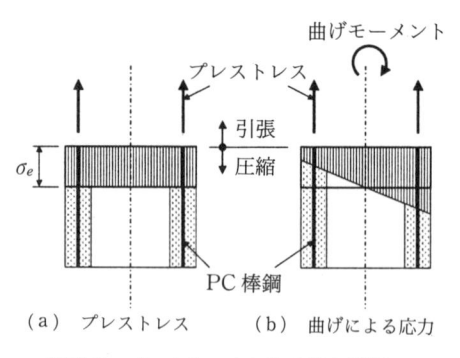

図9.2 プレストレスト杭の応力状態

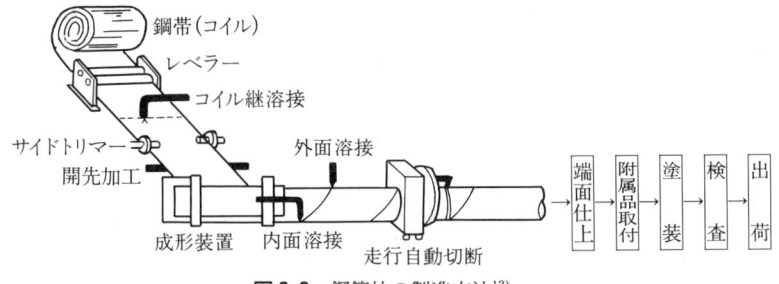

図9.3 鋼管杭の製造方法[12]

(2) 鋼　杭

鋼管杭 (steel pipe pile) と H 型鋼杭とが代表的であるが，鋼管杭が圧倒的に多い．鋼管杭はスパイラル鋼管呼ばれる製法が大部分占めており，**図9.3**のような手順でつくられる．まず所定の幅のコイル状に巻かれた鋼帯を成型装置によって連続的にスパイラル状に成型し，接合部を溶接によって接合する．鋼管が所定の長さになると，自動走行切断機により切断する．この方法では，外径 $400 \sim 2500$ mm，板厚 $4.5 \sim 25.0$ mm の範囲の鋼管杭がつくられている．

鋼管杭は JIS A 5525 によって SKK400 や SKK490 などの規格記号によって表される．この数字は材料の引張強さであり，単位は N/mm^2 である．鋼管杭は材料強度が大きいので，施工時および供用時の大きな軸力や曲げモーメントに耐えられるとともに，塑性化した後の変形能力が高いことが特徴である．

H 型鋼杭は主として仮設用や後に述べる埋込み杭の心材として使われることがある．

(3) 木　杭 (wooden pile)

杭の形状から，木材がその目的に使われた歴史は長い．わが国においては昭和 30 年代までは 10 階建て程度の鉄筋コンクリート建物に多くの木杭が使われ，現在でも木杭に支持された建物は多く存在する．木材は地下水位以下では酸素の供給が絶たれるためであろうか，竣工後数十年後に掘り出してもまったく腐食していないものが多くみられる．

また，木材の性質上，長さは 10 m，径は 300 mm 以下のものが多く，杭を継いで使うことはあまりない．昭和 30 年代以降に施工される建物には，他工法による杭が取って代わり，木杭はほとんど使われなくなった．

9.1.2 施工方法による分類

　既製杭を地中に押込むと，地盤は側方や下方に押しやられ，これによって地盤が密になることにより，杭の支持力が得られると考えられている．この歴史的な方法に加えて，地盤をあらかじめ掘削し，そこへ生コンを打設して杭をつくるか，あるいは既製杭を挿入する方法が開発されている．

　杭を打込む方法は地盤を周囲に変位させるので，排土杭(displacement pile) と呼び，後者の方法は杭の体積分の土を地上に排出するので，杭周囲の地盤は施工による変位を受けないという意味から非排土杭(non-displacement pile) と呼んでいる．この区別は杭周囲の地盤が施工時に受ける状態の違いを指し，これが杭の支持力に大きな影響を及ぼすことが予想される．

（1） 打込み杭(driven pile)

　ハンマーを杭頭に落下させることにより，杭に打撃を与え，杭を地盤に貫入させる方法である．ハンマーにはドロップ・ハンマー，ディーゼル・ハンマー，油圧ハンマーなどがあり，歴史的に古くから行われている方法である．打込み杭には以下のような特徴がある．

① 杭先端地盤が非常に密に締まり，大きな鉛直支持力を発揮する．
② 打ち止め時のハンマー落下高さ，杭の一打あたりの貫入量・リバウンド量を記録することにより，すべての杭に支持力の施工管理ができる．
③ ハンマーによる打撃によって，大きな音や振動を発生する．
④ ハンマーの打撃により，引張応力波による亀裂(コンクリート杭)や，偏芯打撃による局部座屈(鋼杭)などが起こる．

（2） 埋込み杭(bored pile)

　1955年ごろディーゼル・ハンマーによる杭打ち方法が導入され，盛んに使われるようになると，騒音や振動による公害が顕著になってきた．そこで，これらの公害に対して騒音規制法(1968年)と振動規制法(1976年)が制定され，市街地における杭打ちが実質的に不可能になった．

　騒音・振動を大幅に低減する施工方法として，既製杭を打撃しないで設置する埋込み杭工法が開発された．埋込み杭の施工方法には大別して，プレボーリング工法と中掘り工法がある．

（a） プレボーリング工法　　杭を立て込む位置に，あらかじめ掘削を行っ

9.1 杭の種類と施工法　155

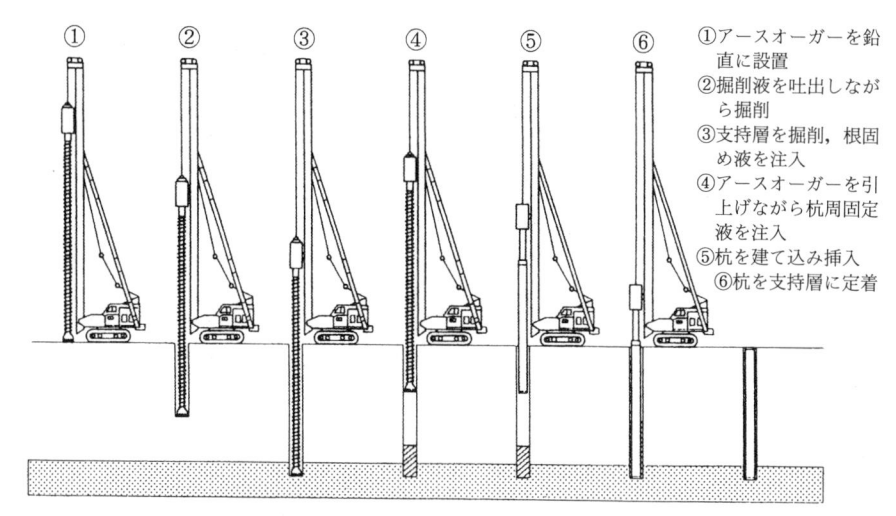

①アースオーガーを鉛直に設置
②掘削液を吐出しながら掘削
③支持層を掘削，根固め液を注入
④アースオーガーを引上げながら杭周固定液を注入
⑤杭を建て込み挿入
⑥杭を支持層に定着

図9.4　プレボーリング工法の施工方法[13]

て，地盤を泥土化しておき，そこに既製杭を挿入して所定の深度まで沈設する工法である（**図9.4**参照）．地盤の掘削には，アースオーガーや掘削翼，先端ビットなどが取り付けられたロッドを回転しながら，その先端から水やセメントミルクを注入して地盤を緩める．杭先端部では支持層を掘削するとともに高濃度のセメントミルクとかくはんして，先端支持力用の根固め球根を造成する．既製杭は簡単に挿入することができ，セメントが硬化するまでその位置を保持する．

（b）中掘り工法　先端および内部が空洞の既製杭の中空部分にオーガーの付いたロッドをあらかじめ立て込んでおき，杭を鉛直に保持したまま，ロッド先端ビットで杭先端地盤を掘削する．この土砂を杭の中空部分を通して地上に排出し，それとともに杭を沈設する方法である（**図9.5**参照）．杭先端にはプレボーリング工法と同様の方法により根固め球根をつくることが可能であり，先端支持力を増大させる方法をとることもできる．

　いずれの埋込み杭工法も打込み杭 (displacement pile) に比べて，杭周囲や先端付近の地盤を緩める可能性があり，このことが杭の支持力の低下につながることが指摘されている．

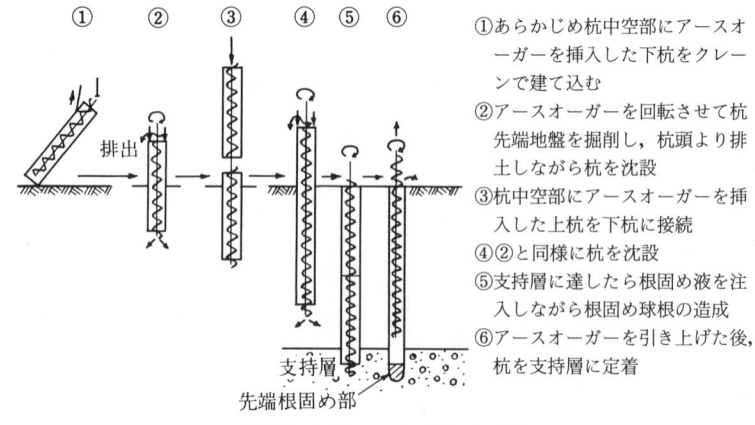

図9.5 中掘り工法の施工方法[13]

図中の説明:
① あらかじめ杭中空部にアースオーガーを挿入した下杭をクレーンで建て込む
② アースオーガーを回転させて杭先端地盤を掘削し，杭頭より排土しながら杭を沈設
③ 杭中空部にアースオーガーを挿入した上杭を下杭に接続
④ ②と同様に杭を沈設
⑤ 支持層に達したら根固め液を注入しながら根固め球根の造成
⑥ アースオーガーを引き上げた後，杭を支持層に定着

（3） 場所打ちコンクリート杭

　場所打ちコンクリート杭 (cast-in-place concrete pile) は，地盤をあらかじめ掘削して，土砂を完全に地上に排出した掘削孔に鉄筋かごを下ろし，生コンを打設することにより，現場で鉄筋コンクリートの杭を造成する方法である．地下水位により，掘削は空掘りの場合と水（あるいは安定液）を張った状態で行う場合とがある．コンクリートの打設はいずれの場合もトレミー管という鉄管を用いて，杭先端から上方に向かって打設する．施工には地盤を掘削し，土砂を地上に運び出すことが必要で，その方法によりオールケーシング工法，アースドリル工法，リバース工法（以上が機械掘削）および人力掘削による深礎工法などがある．

　（a） オールケーシング工法　　地盤の掘削はハンマグラブと呼ばれる装置を掘削底に落下させ，土砂をつかみとって地上に排出する方法である（**図9.6**参照）．工法名の由来は，掘削した孔壁を杭全長にわたって，鋼管（ケーシング）で保護しながら掘削を進めることによる．コンクリート打設時に鋼管は徐々に引き上げて回収する．ケーシングによって孔壁が崩壊するおそれがなく，所定の杭径の場所打ち杭ができる．

　（b） アースドリル工法　　地盤の掘削はドリリングバケットを回転させながら地盤を掘削し，バケット内に収納された土砂を地上に排出する方法である（**図9.7**参照）．孔壁はベントナイトなどを添加した安定液と呼ばれる泥水で保

9.1 杭の種類と施工法　157

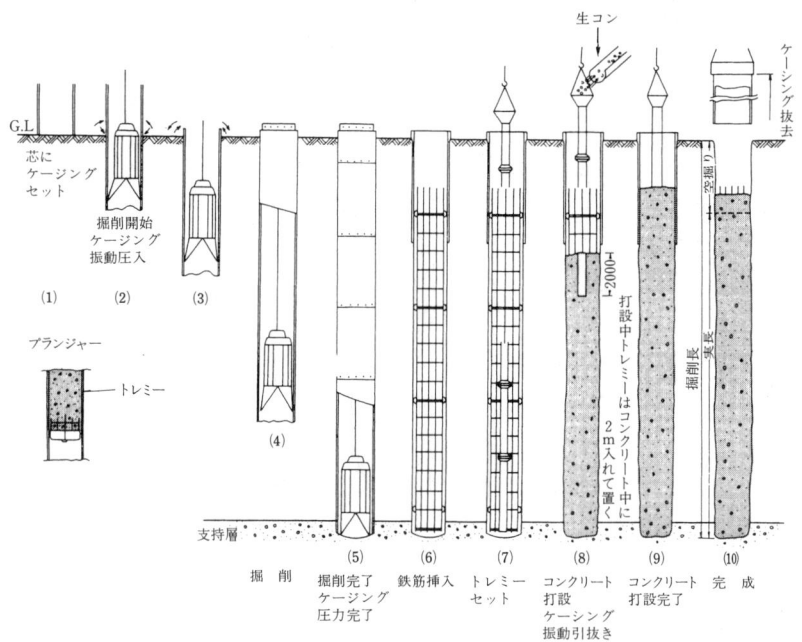

図9.6 オールケーシング工法の施工方法

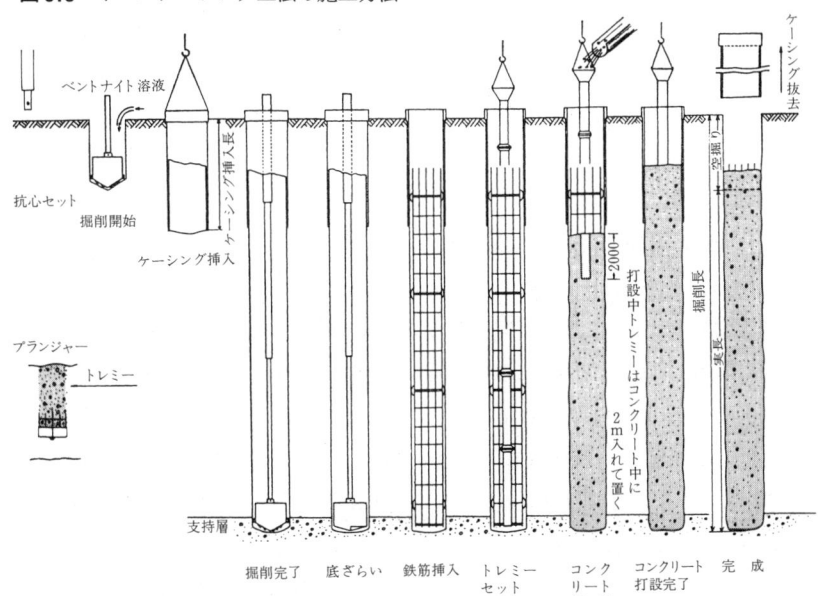

図9.7 アースドリル工法の施工方法

158　第9章　杭基礎

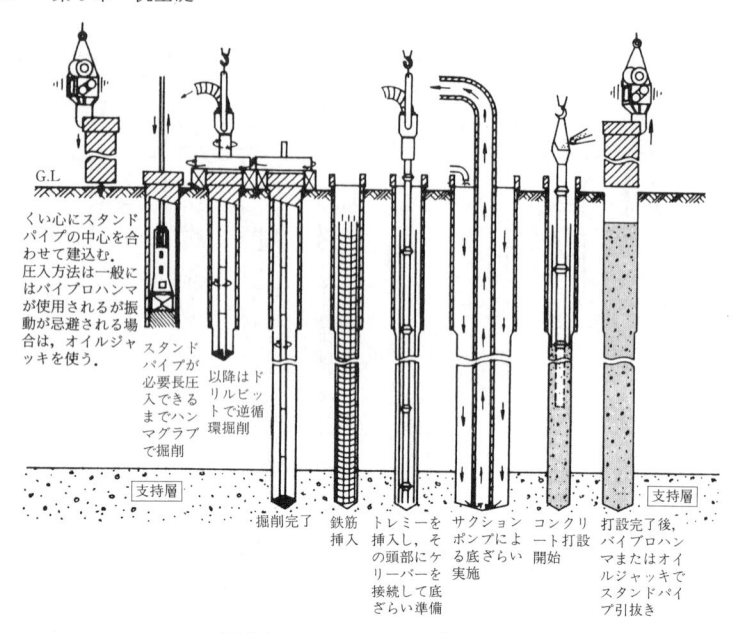

図9.8　リバース工法の施工方法

護する．この方法は一連の作業を1台のアースドリル掘削機で行えるので，機械設備の規模が小さく，比較的狭い敷地での作業性がよい．

（c）リバース工法　　先端に掘削ビットを取り付けたロッドを回転して地盤を掘削し，掘削された土砂を水とともにロッドの内部を通して地上に排出する方法である（図9.8参照）．安定液は常に地下水位より若干高い位置を保つようにする．工法名は安定液の循環方法が通常のボーリングの泥水と逆方向であることに由来する．ボーリングよりはるかに大きな径の杭の場合，土砂を地上に運び出すのはロッド内部のような狭い場所を通さないと揚泥することができない．安定液は常に循環しているので，その品質管理が容易である．

（d）深礎工法　　鋼製波板とリング枠によって土留めをしながら，人力または機械によって掘削する方法である（図9.9参照）．地下水位が高く，湧出が多い場合には，この方法は採用できない．現在施工されている場所打ちコンクリート杭工法の中ではもっとも古く，昭和5年にわが国では始めて施工された．仮設が簡単で，狭い敷地や山岳地帯などで機械掘削が困難な場所での施工

9.2 杭の鉛直支持力

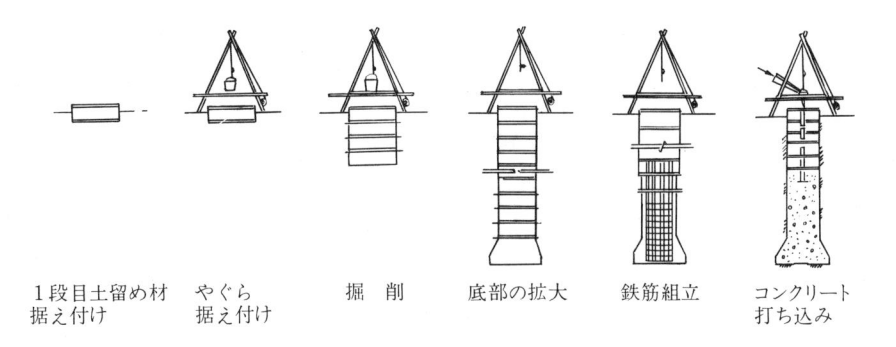

| 1段目土留め材 | やぐら | 掘削 | 底部の拡大 | 鉄筋組立 | コンクリート |
| 据え付け | 据え付け | | | | 打ち込み |

図 9.9 深礎工法の施工方法

が可能である．また，杭の支持地盤を直接，観察・確認ができることが他工法にない特徴である．

9.2 杭の鉛直支持力

9.2.1 鉛直載荷試験

杭は建物が完成すると，通常，杭頭から下向きに鉛直荷重を受けるので，この状態の杭の性能を調べるために，杭頭に鉛直荷重を加えて，そのときの沈下量を測定する．杭に鉛直下向きの荷重を加えるためには，その反力（上向きの力）を支持するものがなければならない．通常，杭の周囲に数本の杭を設置し，これの引抜き抵抗を反力に取る．反力杭の間に梁（桁）を渡し，梁と試験杭の間にジャッキを装着する．このようなことから，鉛直載荷試験 (vertical loading test) は**図 9.10** のような装置を必要とし，大きな鉛直力を加えるには反力装置が大掛かりになる．

載荷方法は地盤工学会基準「杭の鉛直載荷試験方法」によるのが一般的である．ジャッキ荷重を徐々に上げていくが，ある荷重段階で，その荷重を 30 分以上保持し，その間の沈下量を計測する．そして荷重ゼロの状態まで除荷する．これを 1 サイクルと呼び，これを繰り返して計画最大荷重まで載荷する．

測定は杭頭に加える荷重とその位置の沈下量が基本となる．荷重はロードセルで，沈下量はダイヤルゲージで測る．杭先端の沈下量や任意位置における杭の軸力も有効な資料となる．杭先端の沈下量は，あらかじめ杭内部に中空の管

160　第9章　杭基礎

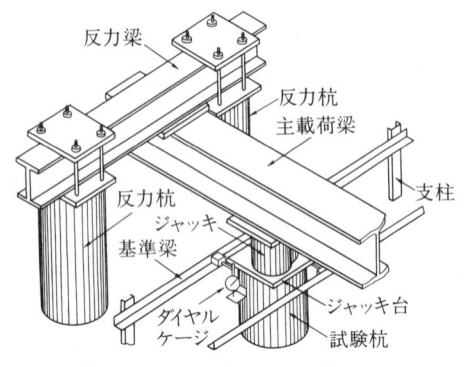

図9.10　杭の鉛直載荷試験装置[14]

を埋め込んでおき，その中に差し込んだロッドの頭部の沈下量を地上のダイヤルゲージで測定する．杭の軸力を測定する簡便な方法として，杭体の鉄筋や鋼管にひずみゲージを添付しておき，発生ひずみに断面の剛性を掛けて求める．

9.2.2　鉛直荷重～沈下特性

　上の方法で行った試験の結果は**図9.11**のような荷重～沈下量関係に整理する．荷重保持時間内に進行した最終の沈下を結んだ曲線を一般に杭の荷重～沈下量曲線と呼ぶ．図中の実線は杭頭荷重～杭頭沈下量関係を，破線は杭先端荷重～杭先端沈下量関係を示している．一般に，杭先端荷重は杭頭荷重より小さく，この差は杭軸部の摩擦力によって地盤に伝達されている．また，杭頭沈下量は杭先端沈下量より杭体の圧縮分だけ大きい．

　杭先端荷重～杭先端沈下量関係をみると，初期のうちは直線的な関係であるが，しだいに沈下量が大きくなっていく．荷重～沈下量曲線の形状は杭の種類によって異なる．**図9.12**に示すような明瞭な折れ点を持つ場合と，しだいに沈下量が増大し，明瞭な折れ点を持たない場合とがある．前者は打込み杭のような排土杭の場合に多く，後者は埋込み杭や場所打ちコンクリート杭のような非排土杭の場合に多い．排土杭は杭を地盤中に貫入するときに杭先端地盤を充分加圧し，その状態より除荷した状態が載荷試験開始時であるので，このとき地盤は過圧密状態にある．したがって，載荷試験では先行荷重までは再載荷状態にあるので，沈下は少ないが，その点を超えると沈下量は増大する．

　このような理由で，荷重～沈下量曲線は明瞭な折れ点を示す．折れ点以降

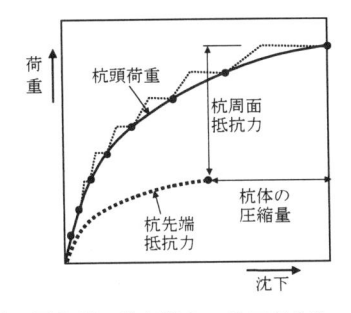

図9.11 鉛直荷重〜沈下量曲線 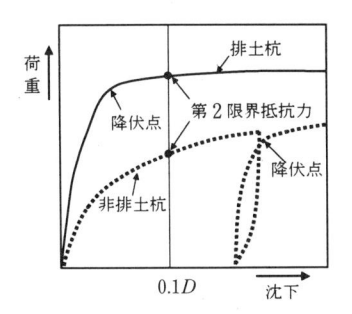　　**図9.12** 杭先端荷重〜沈量曲線の形状

は急激に沈下量が増加するので，この点を極限支持力と考える．

　一方，非排土杭は排土杭のように載荷試験の前に地盤に荷重履歴が加わることはないので，載荷試験時の荷重によって最初から大きな沈下を生じる．この場合，荷重の増加とともに沈下量増分はしだいに増加する曲線を示し，一般に杭径の2倍以上の沈下量で極限状態に達するといわれる．この状態まで載荷した杭をいったん除荷し，ふたたび載荷すると，排土杭と同様にこの先行荷重の点で明瞭な折れ点を示す．

　明瞭な降伏点や極限値を示さない非排土杭の特性値として，杭径の10％沈下時の荷重を第2限界抵抗力 (second limit resistance) と呼んでいる．これは極限抵抗力を示すといわれる杭径の2倍以上の沈下量が，設計値として実質的な意味をもたないことから，極限抵抗力の代用として採用されたものである．排土杭に対する第2限界抵抗力は折れ点の先にあたるので，極限抵抗力を表しているといえる．

　図9.13 は杭頭に鉛直荷重が作用した状態における杭の鉛直方向の軸力分布を示したものである．杭の軸力はふつう杭頭で最大値を示し，深さとともにしだいに減少して，杭先端で最小値を示す．杭頭軸力と杭先端軸力の差は杭周面から地盤に伝達する力である．すなわち，次式のように杭頭荷重 R_t は杭先端抵抗力 (pile tip resistance) R_b と周面抵抗力 (shaft skin resistance) R_s の和で表すことができる．

$$R_t = R_b + R_s \tag{9.1}$$

　図9.11 の実線で示した杭頭荷重 R_t と杭頭沈下量 S_t の関係を両対数座標で

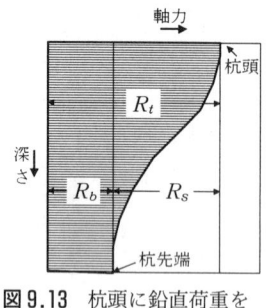

図 9.13 杭頭に鉛直荷重を受ける杭の軸力分布

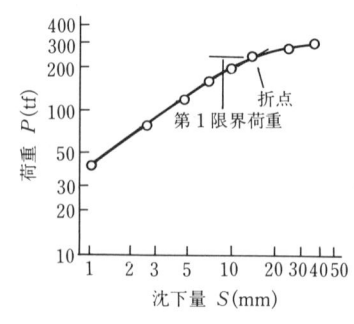

図 9.14 $\log P \sim \log S$ 曲線

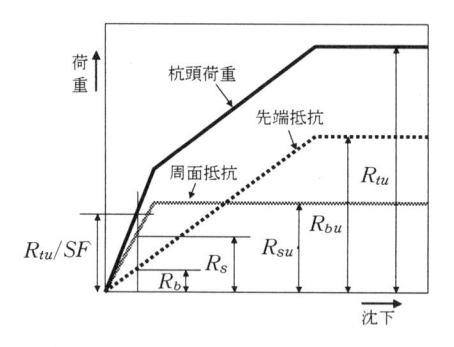

図 9.15 杭頭荷重，杭先端抵抗，周面摩擦の関係

表すと図9.14のようになる．この曲線は二つの直線から構成され，その折れ点の荷重を第1限界抵抗力 (first limit resistance) と呼んでいる．この $\log P \sim \log S$ 関係以外に，載荷試験の荷重を保持しているときの経過時間 t と沈下量 S あるいは杭頭荷重 P との関係もあわせて第1限界抵抗力を判定することになっているが詳細は地盤工学会基準「杭の鉛直載荷試験方法」に譲る．第1限界抵抗力の物理的意味は次のように考えられている．

式(9.1)の関係は杭頭荷重の大きさによらずなりたつが，先端抵抗力 R_b と周面抵抗力 R_s の割合は杭頭荷重の大きさによって変化する．すなわち，R_t，R_b，R_s と杭沈下量の関係を模式的に示すと図9.15のようになる．杭先端抵抗はかなり大きな沈下量が生じてから第2限界抵抗力（あるいは極限支持力）に達する．ここではこれを近似的にバイリニア曲線で表している．

一方，周面抵抗力は比較的小さな沈下量で降伏し，それ以後はその値を保持する．これは杭材表面とその周囲の地盤との摩擦挙動として，その境界ですべりが生じると，それ以上の抵抗増加を示さないからである．周面抵抗力が降伏するときの沈下量は10〜20mm程度といわれている．

杭先端抵抗と周面抵抗の曲線を足したものが杭頭荷重 R_t であり，二つの折れ点を持つ曲線となる．最初の折れ点は周面抵抗力が降伏した点であり，第1限界抵抗力がこの点に対応する．第二の折れ点が第2限界抵抗力である．

9.2.3 杭先端支持力

(1) 支持力理論

杭先端の極限支持力に関する理論はまだ未解明な点も多いが，先端荷重の極限値は設計上の安定問題の観点から，これを求める意味がある．

杭先端極限支持力 q_0 は杭先端部分の平均有効応力 σ_0 に支持力係数 N_σ を乗じた次式の形で表すことができる．

$$q_0 = \sigma_0 N_\sigma \tag{9.2}$$

直接基礎の式 (8.10), (8.14) は三つの項からなっていたが，杭先端支持力に関しては，地盤の粘着力による抵抗と自重による項は，根入れ効果 (拘束圧) による抵抗に比べて小さいので無視できる．

ベジッチ (Vesic) は模型杭や実大杭の破壊状況の観察から，**図9.16** のような破壊メカニズムを提案している．杭先端底面の直下の地盤は強く圧縮され，コーン状のくさびIができる．比較的ゆるい地盤の場合には，その周囲に明確

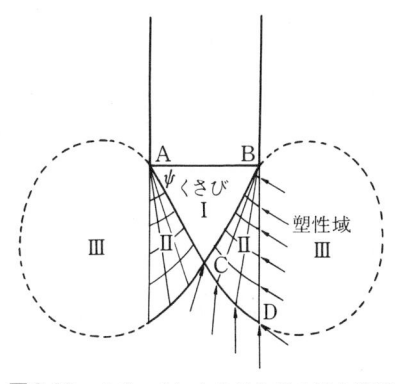

図9.16 ベジッチによる杭先端支持力機構

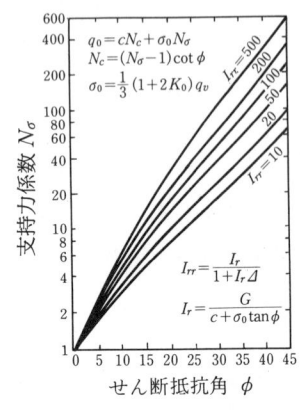

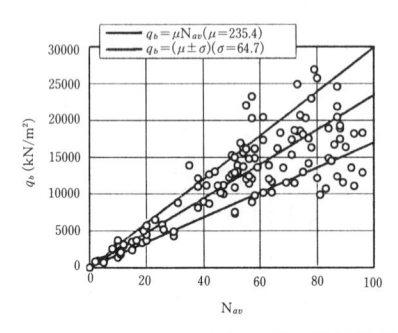

図9.17 杭先端支持力係数 N_σ　　**図9.18** 杭先端支持力と先端地盤 N 値の関係（埋込み杭）

なすべり線のようなものを起こさずに，くさびIは地盤中を貫入していく．

しかし密な地盤の場合には，せん断ゾーンIIを横方向に押し広げ，その外側のゾーンIIIを塑性化させながらくさびIは下方に押し進む．このときの抵抗として，無限地盤中に**図9.16**のリングBDの円筒面を押し広げる場合の極限圧力から支持力係数 N_σ を求める．この理論はゾーンIIIにおいて，地盤の強度定数 (c, ϕ) に変形特性（E や圧縮性）を加えた弾塑性体の挙動から極限値を求めている点が特徴である．式の誘導などは省略するが，N_σ を求めるチャートを**図9.17**に示す．

（2）経験的支持力式

杭の鉛直載荷試験結果と標準貫入試験やコーン貫入抵抗などの地盤調査結果とを結び付けて，理論よりは経験的に極限支持力（第2限界抵抗力）を求める方法が実務ではよく使われている．わが国では標準貫入試験が一般的であることから，杭先端平均 N 値と杭先端支持力の関係が導かれている．

図9.18は鉛直載荷試験から得られた埋込み杭の単位面積あたりの杭先端支持力と杭先端平均 N 値（杭先端位置より下に $1d$，上に $1d$ の範囲の平均 N 値，d は杭径）との関係である．多くの載荷試験結果はばらついているが，原点を通る回帰直線は次式の形となる．

$$q_b = \alpha \cdot N_{av} \tag{9.3}$$

ここで，αは杭先端支持力係数と呼び，杭の施工法によって，各種の値が提案されている．**図9.18**の埋込み杭の第2限界抵抗力を推定する場合，平均値は，$\alpha=200 \sim 250 \mathrm{kN/m^2}$程度，場所打ちコンクリート杭では，$100 \sim 150 \mathrm{kN/m^2}$程度の値が提案されている．埋込み杭の杭先端には根固め球根と称するソイルセメント部分が造成される．この球根部分を杭体の一部と考え，杭の支持力が周囲の地盤の強度で決まる場合には，球根の面積は杭材の面積の約2倍程度あることから，実質的な意味での支持力係数は上記の値の約1/2となる．

この値は場所打ちコンクリート杭の値にほぼ一致し，非排土杭の支持力係数はその工法によらず，$100 \sim 150 \mathrm{kN/m^2}$程度であるといえる．

9.2.4 杭周面抵抗力

（1） 支持力理論

摩擦の原理に従えば，杭周面の最大摩擦力は砂質土，粘性土を問わず，次式で評価することが可能である．

$$\tau_s = \overline{\sigma_h} \tan \delta = K \overline{\sigma_v} \tan \delta \tag{9.4}$$

ここで，$\overline{\sigma_h}$：杭表面に作用する水平有効応力，$\overline{\sigma_v}$：鉛直有効応力，K：土圧係数，δ：杭と地盤の摩擦角である．

上式の中で$\overline{\sigma_v}$は比較的評価が簡単であるが，$\overline{\sigma_h}$，K，δは地盤の応力履歴や杭の施工方法などの影響を受け，評価が難しい．そこで，Burland（バーランド）は

$$\tau_s = \beta \overline{\sigma_v} \tag{9.5}$$
$$\beta = K \tan \delta$$

と置くと，βは正規圧密粘性土の場合，あまり大きな変動をせずに$0.25 \sim 0.4$の範囲にあり，設計上ほぼ0.3と考えてよいことを提案している．

（2） 経験的支持力式

杭頭軸力と杭先端軸力の差を杭軸部の表面積で割ったものが単位面積あたりの平均周面抵抗力である．複数の地層がある場合は，その境界部分に挿入されたひずみゲージにより軸力を測定し，その差を取れば個々の層による抵抗力を求めることができる．周面抵抗力は沈下量が$10 \sim 20 \mathrm{mm}$程度で横ばいとなり，それ以降はむしろ減少する場合がある．この最初のピーク値を埋込杭の鉛直載荷試験結果から求め，杭周囲の地盤が砂質土の場合について周面抵抗力とN

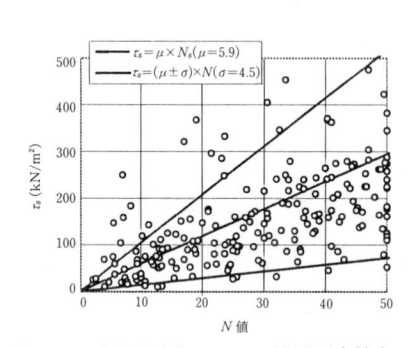

図9.19 砂質土地盤における杭周面摩擦力とN値の関係（埋込杭）

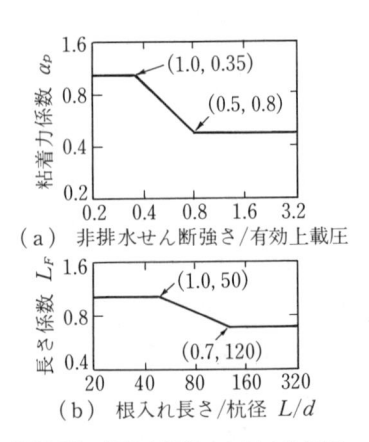

図9.20 粘性土地盤における杭周面摩擦力とc_uの関係（打込杭）

値の関係を調べたものを**図9.19**に示す．データは大きくばらつくので，設計値として採用する値の選定には充分な配慮が必要であるが，杭先端支持力と同様に，**図9.19**に示す回帰直線から次式の形の極限抵抗力が得られる．

$$\tau_s = \eta_s N_s \tag{9.6}$$

安全の余裕を考慮して，$\eta_s = 2.5\,(\mathrm{kN/m^2})$程度が，場所打ちコンクリート杭の場合は，$\eta_s = 3.3\,(\mathrm{kN/m^2})$程度が提案されている．

粘性土の場合はN値の代わりに非排水せん断強度c_uを使う方が合理的である．地盤内ですべりが起これば，正規圧密粘土地盤中の周面抵抗力は非排水せん断強度に等しいと考えられるが，地盤の応力状態は杭施工の影響で変化しており，周面抵抗力が杭施工前に行った地盤調査から得られたせん断強度に等しいとはいえず，一般に次式の形で表す．

$$\tau_s = \eta_c c_u \tag{9.7}$$

打込杭に関する実測から**図9.20**のような提案があるが，一方，載荷試験からは，埋込杭では$\eta_c = 0.8$場所打ちコンクリート杭では$\eta_c = 1.0$程度の値が得られている．非排水せん断強度として一軸圧縮強度の1/2を採用する場合が多い．

9.2.5 許容支持力

許容応力度設計法では，長期および短期荷重のそれぞれに対して，異なる安

全率を適用して許容支持力を求め，安全を確認する．建築基礎における許容支持力は，上で求めた杭先端支持力と周面抵抗力の合計を，長期荷重に対しては安全率＝3で割ったものを，短期荷重に対しては長期許容支持力の2倍の値を採用している．すなわち，

$$R_{al} = \frac{1}{3}\{aN_{av}A_b + (\eta_s N_s L_s + \eta_c c_u L_c)\psi\}$$

$$R_{as} = 2R_{al} \tag{9.8}$$

ここで，

R_{al}：長期許容支持力

R_{as}：短期許容支持力

a：杭先端支持力係数

N_{av}：杭先端平均 N 値

A_b：杭先端面積

η_s, η_c：砂質土・粘性土周面抵抗力係数

N_s：杭軸部の砂質土のN値

c_u：杭軸部の粘性土の非排水せん断強度

L_s, L_c：杭軸部の砂質土・粘性土の層厚

ψ：杭の周長

この安全率は，杭の極限支持力を算定するときのばらつきや荷重の設定における不確実性などを考慮して，経験的に定められたものである．

安全率は杭頭における極限支持力に対して適用しているので，その構成要素である杭先端支持力と周面抵抗力，それぞれに対しては異なる値となる．すなわち，**図9.15**に示すように，極限支持力の1/3で与えられる許容支持力が杭頭部に作用したときの杭先端抵抗と周面抵抗力はそれぞれの極限値の1/3ではなく，先端抵抗はそれより小さく，一方，周面抵抗力はその極限値の大部分が発揮した状態である．これは，それぞれの剛性が異なるため，剛性の大きな周面抵抗力が大きな荷重を負担することになる．

したがって，長期荷重が作用する常時においては，杭頭荷重は周面抵抗力がその大部分を負担し，杭先端にはあまり荷重が伝わらないことを意味する．極限支持力に近い荷重が杭頭に作用する段階になってから先端抵抗力が増加し始

め，そのとき周面抵抗力はすでに降伏し，極限状態に達していることになる．

例題9.1

図に示す地盤に施工された直径 1.0m の場所打ちコンクリート杭について，長期および短期許容支持力を計算せよ．q_u は一軸圧縮強度

深度 (m)	柱状図	q_u (kN/m²)	平均 N 値	杭姿図
0	粘土質シルト	60	2	2m
16.5	シルト質細砂		15	
21.2	シルト質粘土	120	8	26m
25.3	中砂		35	
27.0	砂礫		60	1m

【解答】 杭の極限先端支持力は
$$R_b = \alpha N_{av} A_b$$
ここで，α は先端支持力係数で，場所打ち杭の場合 $\alpha = 100\,\text{kN/m}^2$，$N_{av}$ は杭先端から上へ d（d：杭径），下へ d の範囲における地盤の平均 N 値，A_b は杭先端面積である．

図より $N_{av} = 60$，$A_b = (\pi/4) \times (1.0)^2 = 0.785\,\text{m}^2$ となる．よって
$$\therefore \quad R_b = 100 \times 60 \times 0.785 = 4710\,\text{kN}$$

杭の周面摩擦力は
$$R_s = (\Sigma \tau_{si} \cdot L_{si} + \Sigma \tau_{ci} \cdot L_{ci})\varphi$$
$$= [3.3 \times \{15 \times (21.2 - 16.5) + 35 \times (27.0 - 25.3) + 60 \times 1.0\}$$
$$+ \frac{60}{2} \times (16.5 - 2.0) + \frac{120}{2} \times (25.3 - 21.2)] \times \pi \times 1.0$$
$$= (627 + 681) \times 3.14 = 4110\,\text{kN}$$

杭の極限支持力は
$$R_t = R_b + R_s = 4710 + 4110 = 8820\,\text{kN}$$

長期許容支持力は

$$R_{al} = \frac{1}{3} R_t = 2940 \text{ kN} \ (= 2.94 \text{ MN})$$

短期許容支持力は

$$R_{as} = \frac{2}{3} R_t = 5880 \text{ kN} \ (= 5.88 \text{ MN})$$

9.2.6 負の摩擦力

　杭に働く通常の軸力は図9.13に示したように，杭頭荷重を先端抵抗と周面抵抗力で支持している．これは，たとえば打込み杭を考えると，杭は地盤中を押し進むので，杭の設置が完了した時点の杭と周囲の地盤の関係は図9.21(a)のように，周囲の地盤より杭が下がった状態となり，これが杭に上向きの周面抵抗力を生み出す原因となっている．このときの杭の軸力分布は同図(b)のようになり，杭頭で最大，杭先端で最小の軸力となる．

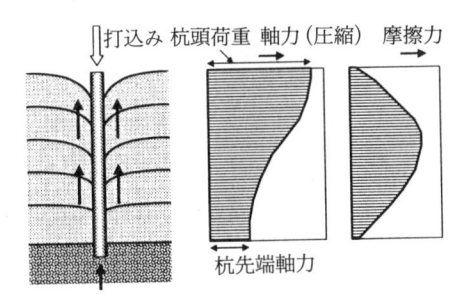

（a）杭と地盤の関係　（b）軸力分布　（c）摩擦力分布

図9.21　杭と正常な状態の地盤の関係

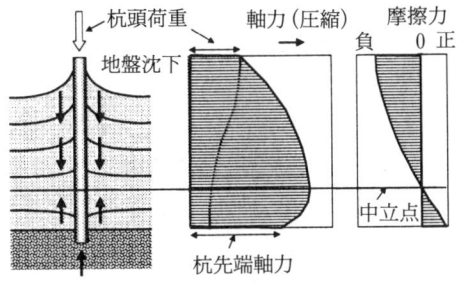

（a）杭と地盤の関係　（b）軸力分布　（c）摩擦力分布

図9.22　負の摩擦力を受ける杭と地盤の関係

しかし，杭周囲の地盤が軟弱な層で，杭を設置後に圧縮する可能性がある場合，地盤と杭の関係は図9.21(a)から図9.22(a)のように変化する．すなわち，地盤が杭に対して相対的に下向きに移動する部分では，杭に下向きの摩擦力が働く．摩擦力の向きを正常の上向きを正，下向きを負の摩擦力 (negative friction) と呼んでいる．

図9.22(a)のような層が圧縮して杭に負の摩擦力が働く場合には，同図(b)のように杭頭から下方に向かって杭の軸力は増加し，ある深さで最大値を示す．それ以深では正の摩擦力が働くので，軸力は減少し，杭先端軸力は先端地盤によって支持される．杭に働く最大軸力は，通常の場合の杭頭荷重よりはるかに大きな値となり，杭材が降伏または破壊する可能性がある．また，杭先端軸力も正常の場合よりはるかに大きくなることから，地盤の極限支持力を超える可能性もある．このように，杭に負の摩擦力が働くと，鉛直支持性能に極めて大きな問題を生じる可能性があるので十分な注意が必要である．

杭の軸力が最大となる部分は，杭と地盤の相対的な移動がゼロとなる部分で，中立点と呼び，実測によると圧密層厚の85％程度になる．

9.2.7 群杭の鉛直支持力

柱下に比較的大径の杭を一本用いる場合と，数本の杭を比較的狭い間隔に配置する場合とがある．また，建物基礎全面に均一に杭を配置する場合もある．このように，複数の接近した杭を群杭 (pile group) と呼び，単杭 (single pile) とは支持力や沈下性状が異なる．

（1）支持力

群杭の支持力を比較的簡単に求める方法は，次の二つの支持力の小さい方を採用する．

① 1本の杭の支持力を群杭の本数 (n) 倍する．
② 群杭の外周で囲まれる範囲を一本の杭 (ブロック) として扱う．

単杭の支持力は，その周囲の広い範囲の地盤が抵抗するが，杭を密に設置すると，隣どうしの杭が干渉するので，周面抵抗は単杭の場合ほどは期待できない．個々の杭先端の極限支持力に関しては，隣接杭の影響で沈下量は大きくなり，沈下量で決まる許容支持力は単杭の場合より小さくなるのが一般的である．

しかし，砂質土に打ち込まれた排土杭の場合，杭周囲の地盤を締め固めるこ

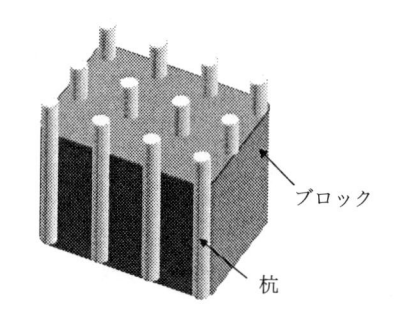

図 9.23 群杭のブロック破壊　　**図 9.24** 破壊効率と杭間隔

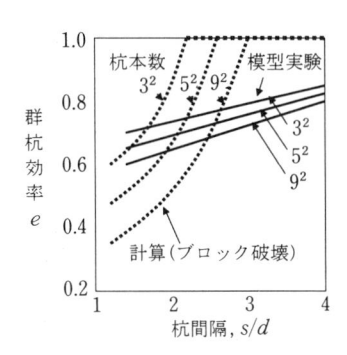

とによって杭一本ごとの周面抵抗は増大する可能性もある．このようなことから，後に述べる群杭効率の考え方を導入する．

杭と杭の間に挟まれた地盤が杭と一体となって挙動すれば，群杭全体を一本の杭とみなすことができる．**図 9.23** に示すような直方体のブロックの極限支持力 R_{ab} は次式のように表すことができる．

$$R_{ab} = q_b A_b + \tau_s L \phi - W \tag{9.9}$$

ここで，

q_b：ブロック先端の極限支持力

A_b：ブロック先端面積

τ_s：地盤のせん断強度

L：杭長

ϕ：ブロックの周長　　W：ブロックの重量

群杭効率 (pile group effect) e として次式を定義すると，

$$e = \frac{群杭の極限支持力}{n \times 単杭の極限支持力} \tag{9.10}$$

ブロック破壊と単杭形式の破壊の関係として**図 9.24** のような実験結果がある．杭の間隔が狭い場合は②の破壊形式の方が支持力は小さく，間隔が大きくなると①の破壊形式で決まる．先に述べた砂質土の周面摩擦力が単杭の場合より大きくなる場合には，群杭効率は1以上になることがある．

(2) 沈　下

杭が鉛直荷重を受けて沈下する場合には，**図 9.25** のように，その周囲の地

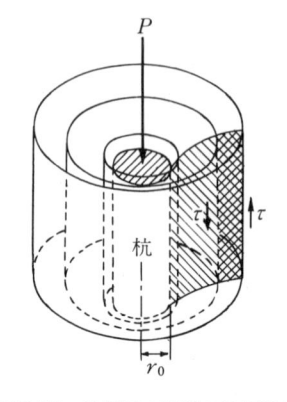

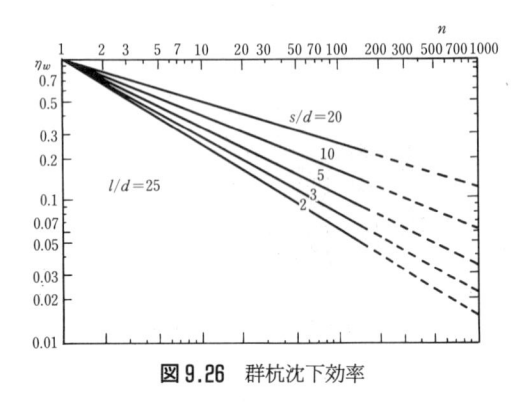

図 9.25 杭周囲の地盤の沈下性状　　　　**図 9.26** 群杭沈下効率

盤にせん断変形を生じる．群杭の場合にこのような変形の重ね合わせがなりたてば，複数の杭がすべての杭頭に同じ荷重を受けると，同じ杭頭荷重を受ける一本の沈下量より大きくなる．沈下量の増加量は杭の配置（間隔）に依存する．群杭全体の沈下量は個々の杭の間隔による影響を総合することにより，単杭の沈下量からの増加量を推定することができる．

　単杭の沈下剛性（＝杭頭荷重/杭頭沈下量）を k とすると，n 本の杭の沈下剛性 K は次式のようになる．

$$K = \eta_w n k \tag{9.11}$$

　ここで，η_w は群杭沈下効率と呼び，杭の細長比（L/d），杭間隔（s/d），杭本数（n）などにより，**図 9.26** のような予測例も提案されている．

9.3　杭の水平抵抗

　地震や風による荷重が原因で建物基礎の杭には水平力が働く．風荷重は建物上部構造が受けた風圧力が杭頭部に水平力として作用する．地震の場合には地中から杭や地盤を通して地震力は建物に伝達するが，その結果生じる上部構造の慣性力が杭頭に水平に働くものとして杭の設計を行う方法が行われてきた．杭材の降伏の検討や水平変位量の計算のためには，地盤を弾性体と仮定して計算し，地盤の極限抵抗や杭材の破壊の検討のためには，地盤の塑性を考慮した解析を行う．

9.3 杭の水平抵抗　173

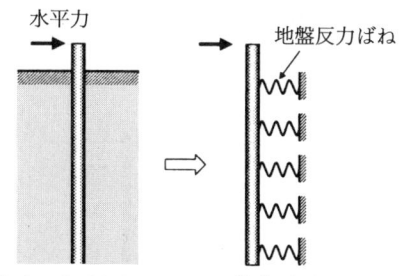

(a) 水平力を受ける杭　(b) 解析モデル
図 9.27　水平力を受ける杭とその解析モデル

9.3.1 弾性地盤中の杭の水平抵抗

杭頭に水平力を加えると地盤は杭の側面に水平反力を生じる．水平力を受ける杭の解析は，**図 9.27** に示すように，杭を弾性はり，地盤を弾性ばねに置きかえたモデルについて行う．弾性支承はり (elastic bearing beam) を支配する方程式は次式で表される．

$$\frac{d^2}{dx^2}\left(EI\frac{d^2y}{dx^2}\right) + k_h y B = 0 \tag{9.12}$$

ここで，

　　E：杭のヤング係数
　　I：杭の断面二次モーメント
　　k_h：水平地盤反力係数 (coefficient of horizontal subgrade reaction)
　　　　（地盤反力ばね）
　　B：杭径
　　x：地表面からの深さ
　　y：杭の水平変位

この式の解は杭が無限に長い場合にチャン (Chang) の解として求められている．**表 9.1** に与えられた境界条件に対して，水平変位，曲げモーメント，せん断力などを示した．これによると，杭頭部が回転自由の場合は，杭頭部が最大変位を示し，地中部の深さ l_y に不動点があり，それ以深は逆向きの変位を示す．曲げモーメントは地表面ではゼロで，深さ l_m で最大値 M_{max} を示し，それ以深ではしだいに減少する．一方，杭頭部の回転が拘束された場合は，最大曲げモーメント M_0 は杭頭で生じ，地中部の最大曲げモーメント M_{max} の約 5

表9.1 杭頭に水平荷重を受ける長い杭の弾性解析結果(チャンの解)[5]

杭頭条件		自由(ピン)	回転拘束(固定)
$\beta = \sqrt[4]{\dfrac{k_h B}{4EI}}\ [p(x)=k_h By]$			
$\eta = \sqrt[5]{\dfrac{n_h}{EI}}\ [p(x)=n_h xy]$			
k_h, n_h:水平地盤反力係数 B:杭幅 EI:杭の曲げ剛性			
$p(x)=k_h By$	杭頭の曲げモーメント $M_0 = 0$	0	$\dfrac{H}{2\beta}$
	地中部の最大曲げモーメント M_{max}	$-0.3224\dfrac{H}{\beta}$	$-0.104\dfrac{H}{\beta}$
	M_{max} の発生深さ L_m	$\dfrac{\pi}{4\beta}=\dfrac{0.785}{\beta}$	$\dfrac{\pi}{2\beta}=\dfrac{1.571}{\beta}$
	杭頭の変位 y_0	$\dfrac{H}{2EI\beta^2}=\dfrac{2H\beta}{k_h B}$	$\dfrac{H}{4EI\beta^2}=\dfrac{H\beta}{k_h B}$
	第一不動点深さ L_0	$\dfrac{\pi}{2\beta}=\dfrac{1.571}{\beta}$	$\dfrac{3\pi}{4\beta}=\dfrac{2.356}{\beta}$
$p(x)=n_h xy$	杭頭の曲げモーメント M_0	0	$0.92\dfrac{H}{\eta}$
	地中部の最大曲げモーメント M_{max}	$0.78\dfrac{H}{\eta}$	$0.26\dfrac{H}{\eta}$
	M_{max} の発生深さ L_m	$\dfrac{1.32}{\eta}$	$\dfrac{2.15}{\eta}$
	杭頭の変位 y_0	$\dfrac{2.4H}{EI\eta^2}=\dfrac{2.4H\eta^2}{n_h}$	$\dfrac{0.93H}{EI\eta^2}=\dfrac{0.93H\eta^2}{n_h}$
	第一不動点深さ L_0	$\dfrac{2.42}{\eta}$	$\dfrac{3.10}{\eta}$

倍である.また,地表面の変位量は回転拘束の場合は自由の場合の1/2となる.通常の建築物では,杭頭部は拘束されていると考えてよいので,杭の応力の検討はこれらの値を用いればよい.

　チャンの解は杭長を無限大と仮定しているが実際の杭長が$1/\beta$の2倍以上あれば,チャンの解との誤差は少ないといわれている.通常の杭長ではほとん

どがそれ以上の長さである．ここで，β は長さの逆数の単位を持ち，以下の式で与えられる．

$$\beta = \sqrt[4]{\frac{k_h B}{4EI}} \qquad (9.13)$$

杭長が $L > 2.25/\beta$ のとき長い杭，それ以下のときを短いくいと定義している．

例題9.2

次の緒言を持つ単杭の杭頭（地表面）に水平力 150 kN が作用した．杭頭拘束条件が
(a) 自由の場合における杭の最大曲げモーメントとその発生深さ，および
(b) 固定の場合における杭頭曲げモーメントと杭頭変位を求めよ．

杭径 B	40 cm
杭長 L	20 m
ヤング率 E	4.0×10^7 kN/m²
断面二次モーメント I	1.0×10^5 cm⁴
水平地盤反力係数 k_h	2.4×10^4 kN/m²/m

【解答】 係数 β は，式 (9.13) より，

$$\beta = \sqrt[4]{\frac{k_h B}{4EI}} = \sqrt[4]{\frac{2.4 \times 10^4 \times 0.4}{4 \times 4.0 \times 10^7 \times 1.0 \times 10^{-3}}} = 0.495 \, \text{m}^{-1}$$

$$\beta L = 0.495 \times 20 = 9.90 > 2$$

よって，表 9.1 のチャンの解を用いてもよい．

(a) 杭頭自由の場合
最大曲げモーメント M_{max} は

$$M_{max} = -0.3224 \frac{H}{\beta} = -\frac{0.3224 \times 150}{0.495} = -97.8 \, \text{kN·m}$$

M_{max} の発生深さ L_m は

$$L_m = \frac{\pi}{4\beta} = \frac{0.785}{0.495} = 1.59 \, \text{m}$$

(b) 杭頭固定の場合
杭頭曲げモーメント M_0 は

$$M_0 = \frac{H}{2\beta} = \frac{150}{2 \times 0.495} = 151 \, \text{kN·m}$$

杭頭変位 y_0 は

$$y_0 = \frac{H\beta}{k_h B} = \frac{150 \times 0.495}{2.4 \times 10^4 \times 0.4} = 0.0078 \, \text{m} = 7.8 \, \text{mm}$$

9.3.2 杭の極限水平抵抗

ブロムス (Broms) は地盤と杭がともに塑性化して，極限状態になるときの水平荷重を求めている．まず，極限状態としてのメカニズムが生じるためには，杭が長い場合には地中部に塑性ヒンジの発生が必須である．そこで，杭が短い場合と長い場合に分けて考える．さらに，地盤の極限水平反力として，砂質土と粘性土に分けている．

（1）短い杭

砂質土の場合は，図 9.28 に示すように，深さに比例する受働抵抗を想定する．平面問題に比べて杭の挙動は三次元的であるので，地盤の抵抗はランキン (Rankine) の受働土圧の 3 倍を与えている．杭が短い場合は杭体に塑性ヒンジが発生することなく，全体が剛体として挙動する．杭頭水平力とそれに抵抗する受働土圧のみでは力の釣合いは保たれず，杭先端付近に加力と同じ方向の抵抗が生じる．この力は近似的に先端に集中荷重として働くと考える．このようにして求めた極限水平力 Q_u や結果として生じる最大曲げモーメント M_{max} を表 9.2 に示してある．

粘性土の場合の極限反力は，せん断強度が c_u の無限地盤中に円形物体が移動する場合の塑性解（単位面積あたり $9c_u$）の結果を使って，深さに無関係に図 9.29 のように考える．ただし，地表面に近い部分は，上方の拘束がないことを考慮して，杭径の 1.5 倍の深さまでは抵抗を無視する．砂質土の場合と同様に，杭先端付近には加力と同じ方向の抵抗を考えると，結局極限水平力，最

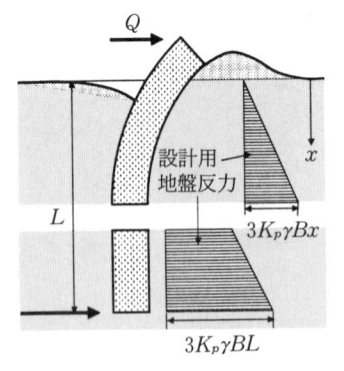

図 9.28 砂質土地盤中の杭の極限状態

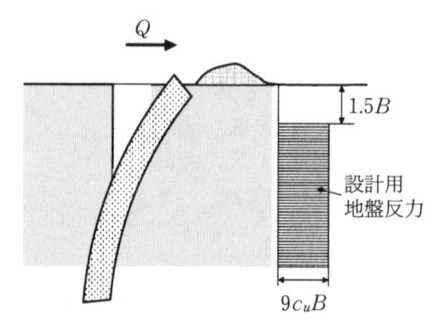

図 9.29 粘性土地盤中の杭の極限状態

大曲げモーメントなどは**表 9.3**に示すようになる．

杭頭を固定した場合は，全体が水平方向に剛体移動する状態を想定すると，同様に**表 9.2，9.3**のような結果が得られている．

（2） 長い杭

杭が長くなると，最大曲げモーメントが大きくなり，全体の剛体回転の前に杭の地中部や杭頭部に塑性ヒンジが発生する．杭頭自由の場合は地中塑性ヒンジで，杭頭固定の場合はさらに杭頭部にも塑性ヒンジが発生することにより，メカニズムが完成する．杭の長さに応じた極限状態と地盤条件の組み合わせによって，すべてのケースについ計算された極限荷重を**表 9.2，9.3**にまとめてある．

表9.2 砂質土地盤中の杭の極限抵抗（ブロムスの解 (Broms's solution)）[5]

砂質土地盤		外力と反力	条件式	Q_u, D_y, M_0, M_{max}
杭頭自由	短い杭 $\eta l < 2.0$		① $\Sigma X = 0$ $Q_u - \frac{3}{2} K_p \gamma Bl^2 + P_3 = 0$ ② $\Sigma M = 0$ $Q_u(l+h) - \frac{3}{2} K_p \gamma Bl^2 \cdot \frac{l}{3} = 0$	$Q_u = \frac{K_p \gamma Bl^2}{2\left(\frac{h}{l}+1\right)}$
	長い杭 $\eta l > 2.0$		① ヒンジの点で $Q=0$ $Q_u - \frac{3}{2} K_p \gamma BD_y^2 = 0$ ② ヒンジの点で $M = M_{max} = M_y$ $Q_u\left(h + \frac{2}{3} D_y\right) = M_{max}$	$D_y = \sqrt{\frac{2Q_u}{3K_p \gamma B}} = \frac{l}{\sqrt{3(1+h)/l}}$ $M_{max} = Q_u\left(h + 0.544\sqrt{\frac{Q_u}{K_p \gamma B}}\right) = Q_u\left\{h + \frac{0.385 l}{\sqrt{1+h/l}}\right\} = \frac{M_y}{K_p \gamma B^4}$
杭頭固定	短い杭 $\eta l < 2.0$		① $\Sigma X = 0$ $Q_u - \frac{3}{2} K_p \gamma Bl^2 = 0$ ② $\Sigma M = 0$ $-M_0 + Q_u l_0 = 0$	$Q_u = \frac{3}{2} K_p \gamma Bl^2$ $M_0 = \frac{2}{3} Q_u l = K_p \gamma Bl^3$
	中間長さの杭 $2 \leq \eta l \leq 4$		① $\Sigma X = 0$ $Q_u - \frac{3}{2} K_p \gamma Bl^2 + P_3 = 0$ ② $\Sigma M = 0$ $-M_0 + Q_u l - \frac{3}{2} K_p \gamma Bl^2 \cdot \frac{l}{3} = 0$ $(M_0 = M_y)$	$Q_u = \frac{K_p \gamma B^3}{B}\left(\frac{l}{B}\right)^2 - \frac{1}{2}\left(\frac{l}{B}\right)^3 = \frac{M_y}{K_p \gamma B^4}$ $D_y = \sqrt{\frac{2Q_u}{3K_p \gamma B}}$ $M_0 = M_y$
	長い杭 $\eta l > 4$		① Aヒンジの点で $Q=0$ $Q_u - \frac{3}{2} K_p \gamma BD_y^2 = 0$ ② Aヒンジの点で $M = M_{max} = M_y$ $-M_0 + \frac{2}{3} Q_u D_y = M_{max}$ $[M_0 = M_{max} = M_y]$	$\frac{Q_u}{K_p \gamma B^3} = 2.38\left(\frac{M_y}{K_p \gamma B^4}\right)^{\frac{2}{3}}$ $D_y = \sqrt{\frac{2Q_u}{3K_p \gamma B}}$ $M_0 = M_{max} = M_y$

9.3 杭の水平抵抗　179

表 9.3 粘性土地盤中の杭の極限抵抗（ブロムスの解）[5]

砂質土地盤	外力と反力	条件式	Q_u, D_y, M_0, $M_{\max}$
杭頭自由 短い杭		① $\Sigma X=0$ $Q_u-9c_uB(l-1.5B)$ $+2(9c_uB)x=0$ ② $\Sigma M=0$ $Q_u(l+h)-\dfrac{1}{2}(9c_uB)$ $\cdot(l-1.5B)^2+(9c_uB)x^2=0$	$Q_u=9c_uB^2\Big[\big[4\big(\dfrac{h}{B}\big)^2+2\big(\dfrac{l}{B}\big)^2+4\big(\dfrac{h}{B}\big)\big(\dfrac{l}{B}\big)+6\big(\dfrac{h}{B}\big)\big]$ $+4.5\Big]^{\frac{1}{2}}-\Big\{2\big(\dfrac{h}{B}\big)+\big(\dfrac{l}{B}\big)+1.5\Big\}\Big]$ $D_y=\dfrac{Q_u}{9c_uB}$ $M_{\max}=Q_u(h+1.5B+0.5D_y)$
杭頭自由 長い杭		① ヒンジの点で $Q=0$ $Q_u-9c_uBD_y=0$ ② ヒンジの点で $M=M_{\max}=M_y$ $Q_u\big(h+1.5B+\dfrac{1}{2}D_y\big)=M_{\max}$	$\Big(\dfrac{Q_u}{c_uB^2}\Big)^2+(18\dfrac{h}{B}+27)\Big(\dfrac{Q_u}{c_uB^2}\Big)=18\Big(\dfrac{M_y}{c_uB^3}\Big)$ $D_y=\dfrac{Q_u}{9c_uB}$ $M_{\max}=M_y$
杭頭固定 短い杭		① $\Sigma X=0$ $Q_u-9c_uB(l-1.5B)=0$ ② $\Sigma M=0$ $-M_0+Q_ul_0=0$	$Q_u=9c_uB^2\Big(\dfrac{l}{B}-1.5\Big)$ $l_0=1.5B+\dfrac{1}{2}(l-1.5B)$ $M_0=Q_ul_0=4.5c_uB^2\Big\{\Big(\dfrac{l}{B}\Big)^2-2.25\Big\}$
杭頭固定 中間長さの杭		① $\Sigma X=0$ $Q_u-9c_uB(l-1.5B)$ $+2(9c_uB)x=0$ ② $\Sigma M=0$ $-M_0+Q_ul-\dfrac{1}{2}(9c_uB)$ $\cdot(l-1.5B)^2+9c_uBx^2=0$	$\Big(\dfrac{Q_u}{c_uB^2}\Big)^2+(18\dfrac{l}{B}+27)\Big(\dfrac{Q_u}{c_uB^2}\Big)-81\Big(\dfrac{l}{B}-1.5\Big)^2$ $=36\Big(\dfrac{M_y}{c_uB^3}\Big)$ $D_y=\dfrac{Q_u}{9c_uB}$ $M_0=M_y$
杭頭固定 長い杭		① Aヒンジの点で $M=M_{\max}$ $Q_u-9c_uBD_y=0$ ② Aヒンジの点で $M=M_{\max}$ $-M_0+Q_u(D_y+1.5B)$ $-9c_uB D_y\cdot\dfrac{D_y}{2}=M_y$ $[M_0=M_{\max}=M_y]$	$\Big(\dfrac{Q_u}{c_uB^2}\Big)^2+27\Big(\dfrac{Q_u}{c_uB^2}\Big)=36\Big(\dfrac{M_y}{c_uB^3}\Big)$ $D_y=\dfrac{Q_u}{9c_uB}$ $M_0=M_{\max}=M_y$

解　答

練習問題1

1.

$$e = \frac{\rho_s w}{S_r}$$

飽和度 $S_r = 25\%$ のとき

$$e = \frac{2.65 \times 0.32}{0.25} = 3.4$$

飽和度 $S_r = 90\%$ のとき

$$e = \frac{2.65 \times 0.32}{0.90} = 0.94$$

2.

	試料A	試料B	試料A+B(=C)
含水比	w_A	w_B	w_C
水の重量	W_{w_A}	W_{w_B}	
土のみの重量	W_{s_A}	W_{s_B}	

とすると，

$$w_A = \frac{W_{w_A}}{W_{s_A}} = 0.30 \tag{1}$$

$$W_{s_A} + W_{w_A} = 600 \tag{2}$$

$$w_C = \frac{W_{w_A} + W_{w_B}}{W_{s_A} + W_{s_B}} = 0.56 \tag{3}$$

$$W_{s_B} + W_{w_B} = 600 \tag{4}$$

(1) と (2) より，

$$W_{s_A} + 0.30\, W_{s_A} = 600$$

$$W_{s_A} = \frac{600}{1.30} = 461.5\ (\text{g}) \tag{5}$$

$$W_{w_A} = 600 - 461.5 = 138.5\ (\text{g}) \tag{6}$$

式 (3), (4), (5), (6) から，

$$\frac{138.5 + W_{w_B}}{461.5 + W_{s_B}} = 0.56, \quad \frac{138.5 + W_{w_B}}{461.5 + 600 - W_{w_B}} = 0.56$$

$$138.5 + W_{w_B} = 0.56(1061.5 - W_{w_B})$$

$$W_{w_B} = \frac{459.9}{1.56} = 290.8 \text{ (g)}$$

$$W_{s_B} = 600 - 290.8 = 309.2 \text{ (g)}$$

$$w_B = \frac{290.8}{309.2} = 0.940 = 94.0 \text{ (\%)}$$

3.

土粒子の体積　$V_s = \dfrac{W_s}{G\gamma_w} = \dfrac{800}{2.65 \times 1.0} = 302 \text{ cm}^3$

間げき比　$e = \dfrac{V - V_s}{V_s} = \dfrac{550 - 302}{302} = 0.82$

含水比　$w = \dfrac{W - W_s}{W_s} = \dfrac{800 - 650}{650} = 0.23$

飽和度　$S_r = \dfrac{V_w}{V_v} = \dfrac{\frac{W_w}{\gamma_w}}{eV_s} = \dfrac{\frac{800 - 650}{1.0}}{0.82 \times 302} = 0.61$

練習問題 3

1.

円の中心　$C = \dfrac{150 + 50}{2} = 100$

円の半径　$R = \sqrt{\left(\dfrac{150 - 50}{2}\right)^2 + 75^2}$
$\qquad\qquad\quad = 90$

最大主応力　$\sigma_1 = 100 + 90 = 190 \text{ kN/m}^2$

最小主応力　$\sigma_3 = 100 - 90 = 10 \text{ kN/m}^2$

$\tan 2\theta = \dfrac{75}{\frac{150 - 50}{2}} = 1.5$

$2\theta = 56.3°$

$\theta = 28.2°$

主応力の方向は x 軸から時計回りに $28.2°$
回転した方向　→　σ_1 (図示)

2.

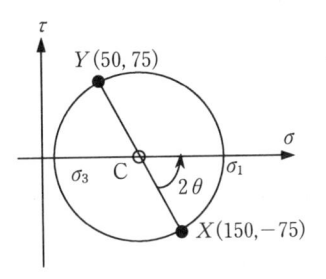

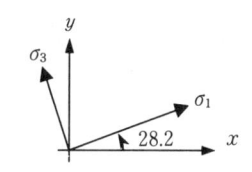

間げき水圧　$u_w = \gamma_w z = 10(100 + 2) = 1020 \text{ kN/m}^2$

全応力　$\sigma_v = \gamma z = 10 \times 100 + 18 \times 2 = 1036 \text{ kN/m}^2$

有効応力　$\sigma_v' = \sigma_v - u_w = 1036 - 1020 = 16 \text{ kN/m}^2$

3.

以下の表より，

中央　　$\Delta\sigma_z = 62.8\,\mathrm{kN/m^2}$

隅角部　$\Delta\sigma_z = 22.2\,\mathrm{kN/m^2}$

位置	B (m)	L (m)	z (m)	m	n	f_B	N	q (kN/m²)	$\Delta\sigma_v$ (kN/m²)
中央	20	10	15	1.33	0.67	0.157	4	100	62.8
隅角	40	20	15	2.67	1.33	0.222	1	100	22.2

練習問題 4

1. ダルシーの法則，式 (4.2) より，

$$Q = k\frac{\Delta h}{L}At = 0.1 \times \frac{40}{20} \times 150 \times 1.0 = 30\,\mathrm{cm^3}$$

2. 式 (4.8) より，

$$k = \frac{Q}{\frac{h}{L}At} = \frac{485}{\frac{15}{12}\cdot\pi5^2\cdot 180} = \frac{485}{1767} = 0.0274\,\mathrm{cm/s}$$

3. 式 (4.10-b) より，

$$k = \frac{aL}{A(t_2-t_1)}\ln\frac{h_1}{h_2} = \frac{0.25^2 \cdot 12.0}{5^2 \cdot 106 \times 60}\ln\frac{135.3}{103.4} = 1.27\times 10^{-6}\,\mathrm{cm/s}$$

練習問題 5

1. 体積圧縮係数 $m_v = \dfrac{\Delta\varepsilon}{\Delta p} = \dfrac{\frac{1.80-1.58}{1.80}}{40-20} = \dfrac{0.122}{20} = 0.611\times 10^{-2}\,\mathrm{m^2/kN}$

間げき比の変化は式 (5.5) より，

$$\Delta e = -\Delta\varepsilon(1+e) = -0.122\times(1+2.56) = -0.434$$

圧縮指数は　$C_c = -\dfrac{\Delta e}{\Delta\log p} = \dfrac{0.434}{\log 40 - \log 20} = \dfrac{0.434}{0.301} = 1.44$

練習問題 6

1. 破壊時のモールの応力円は図のようになる。

したがって，せん断抵抗角は

$$\tan\phi = \frac{30}{40} = 0.75$$

$$\therefore\ \phi = 36.9°$$

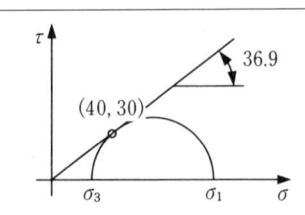

モール円の中心の座標と半径は

$$\frac{\sigma_1+\sigma_3}{2}=\frac{50}{\cos\phi}=62.5\,\mathrm{kN/m^2}, \quad \frac{\sigma_1-\sigma_3}{2}=50\times\tan\phi=37.5\,\mathrm{kN/m^2}$$

したがって，最大・最小主応力は

$\sigma_1=62.5+37.5=100\,\mathrm{kN/m^2}$

$\sigma_3=62.5-37.5=25\,\mathrm{kN/m^2}$

2. 応力経路による応力増分の関係は，

$$\frac{\Delta q}{\Delta p}=\frac{\Delta\sigma_1-\Delta\sigma_3}{\Delta\sigma_1+\Delta\sigma_3}=\frac{1-\frac{\Delta\sigma_3}{\Delta\sigma_1}}{1+\frac{\Delta\sigma_3}{\Delta\sigma_1}}=\frac{1+\frac{1}{3}}{1-\frac{1}{3}}=\frac{4}{2}=2$$

したがって，応力経路は次式の直線となる．

$q=2(p-200)$ (1)

また，破壊線は $\tan\beta=\sin\phi=0.5$ より

$\dfrac{q_f}{p_f}=0.5$ (2)

これより，

$p_f=267\,\mathrm{kN/m^2}$

$q_f=133\,\mathrm{kN/m^2}$

したがって，破壊時の σ_1, σ_3 は

$\sigma_{1f}=p_f+q_f=400\,\mathrm{kN/m^2}$

$\sigma_{3f}=p_f-q_f=133\,\mathrm{kN/m^2}$

3. 例題 6.4 と同じ粘土であるので，

$$\sin\phi_{cu}=\frac{\sigma_1-600}{\sigma_1+600}=0.304$$

これにより，破壊時の最大主応力は，$\sigma_{1f}=1125\,\mathrm{kN/m^2}$

$\overline{\sigma_{1f}}=1125-300=825\,\mathrm{kN/m^2}$,

$\overline{\sigma_{3f}}=600-300=300\,\mathrm{kN/m^2}$

$\sin\phi_d=\dfrac{825-300}{825+300}=0.4667$

$\phi_d=\sin^{-1}0.4667=27.8°$

以上の関係を図示すると右図のようになる．

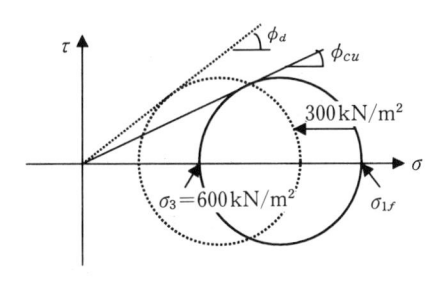

練習問題 7

1.

(1) 主働状態

(a) 擁壁に働く土圧分布

$$\sigma_{ha} = K_a(\gamma \cdot z + q)$$

$$K_a = \frac{1-\sin\phi}{1+\sin\phi} = \frac{1-0.5}{1+0.5} = \frac{1}{3}$$

$$\sigma_{ha} = \frac{1}{3}(15z+50)\,\text{kN/m}^2 \quad (z \text{ は m})$$

(b) 主働土圧の合力

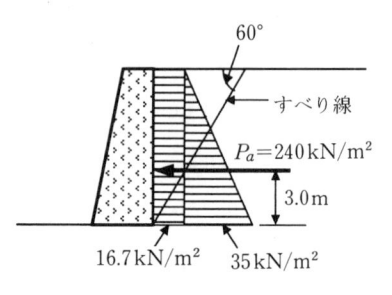

$$P_a = \frac{1}{2}\gamma H^2 K_a + qHK_a$$

$$= \frac{1}{2}\times 15 \times 7^2 \times \frac{1}{3} + 50 \times 7 \times \frac{1}{3}$$

$$= 123 + 117 = 240\,\text{kN}$$

作用位置

$$P_a \times \bar{y} = 123 \times \frac{7}{3} + 117 \times \frac{7}{2} = 697$$

$$\bar{y} = \frac{697}{240} = 3.0\,\text{m}$$

(c) すべり線の角度

$$\theta = 45 + \frac{\phi}{2} = 60°$$

(2) 受働状態

(a) 擁壁に働く土圧分布

$$\sigma_{hp} = K_p(\gamma \cdot z + q)$$

$$K_p = \frac{1+\sin\phi}{1-\sin\phi} = \frac{1+0.5}{1-0.5} = 3$$

$$\sigma_{hp} = 3(15z+50)$$

(b) 受働土圧の合力

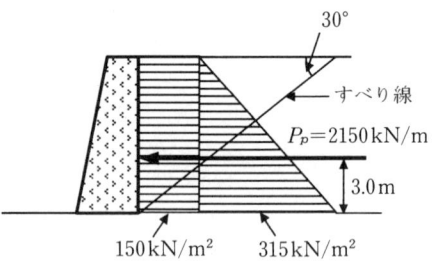

$$P_p = \frac{1}{2}\gamma H^2 K_p + qHK_p$$

$$= \frac{1}{2}\times 15 \times 7^2 \times 3 + 50 \times 7 \times 3$$

$$= 1103 + 1050 = 2150\,\text{kN}$$

作用位置

$$P_p \times \bar{y} = 1103 \times \frac{7}{3} + 1050 \times \frac{7}{2} = 6450$$

$$\bar{y} = \frac{6450}{2150} = 3.0 \,\mathrm{m}$$

(c) すべり線の角度

$$\theta = 45 - \frac{\phi}{2} = 30°$$

2.

(a) 擁壁に働く有効土圧分布

$$\sigma_{ha} = K_a \bar{\gamma} \cdot z$$

$$K_a = \frac{1-\sin\phi}{1+\sin\phi} = \frac{1-0.5}{1+0.5} = \frac{1}{3}$$

$$\sigma_{ha} = \frac{18-10}{3} z$$

$$= \frac{8}{3} \times 7 = 18.7 \,\mathrm{kN/m^2} \quad (z=7\,\mathrm{m})$$

$$P_a = \frac{1}{2} \bar{\gamma} H^2 K_a = 65.5 \,\mathrm{kN/m}$$

(b) 水圧

$$P_w = \gamma_w z$$

$$= 10 \times 7 = 70 \,\mathrm{kN/m^2} \quad (z=7\,\mathrm{m})$$

$$u_w = \frac{1}{2} \gamma_w H^2 = 245 \,\mathrm{kN/m}$$

全側圧

$$P = 65.5 + 245 = 311 \,\mathrm{kN/m}$$

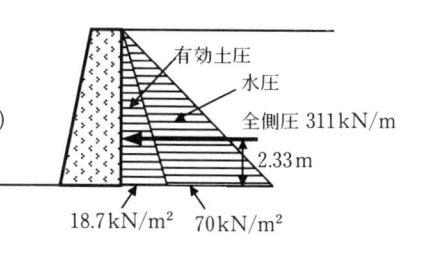

練習問題 8

1.

極限支持力

基礎の形状係数(**表 8.2** より)　　　$\alpha = 1.2$　$\beta = 0.3$

傾斜荷重の補正係数　　　　　　　　$i_c = 1$　$i_\gamma = 1$　$i_q = 1$

＜支持力係数＞　(式 (8.11) ～ (8.12) より)

$$N_q = \frac{1+\sin\phi}{1-\sin\phi} \exp(\pi\tan\phi) = 3 \times \exp(1.81) = 18.4$$

$$N_c = (N_q - 1)\cot\phi = 17.4 \times 1.73 = 30.1$$

$$N_\gamma = (N_q - 1)\tan(1.4\phi) = 17.4 \times 0.90 = 15.7$$

<寸法効果>　(式(8.15)より)

$$\eta = \left(\frac{B}{B_0}\right)^n, \quad B_0 = 1\,\mathrm{m}, \quad n = -\frac{1}{3}$$

$$\eta = 1/3^{1/4} = 0.63$$

<長期許容支持力>　(式(8.14)より)

$$q_{aL} = \frac{1}{3}(i_c \alpha c N_c + i_\gamma \beta \gamma_1 B \eta N_\gamma + i_q \gamma_2 D_f N_q)$$
$$= (0.3 \times 18.0 \times 4.0 \times 0.63 \times 15.7 + 18.0 \times 2.0 \times 18.4)/3$$
$$= 292\,\mathrm{kN/m^2}$$

2.

接地圧　$q = \dfrac{1000}{\pi \times 2.0^2} = 79.6\,\mathrm{kN/m^2}$

中央　$S_E = qB\dfrac{1-\nu^2}{E}I_s = 79.6 \times 4.0 \dfrac{1-0.09}{20000} \times 1 = 0.0145\,\mathrm{m} = 14.5\,\mathrm{mm}$

辺部　$S_E = 14.5 \times 0.636 = 9.2\,\mathrm{mm}$

引用・参考文献

1) 池田俊雄『地盤と構造物-自然条件に適応した設計へのアプローチ』鹿島出版会(1981)
2) アーサー・ホームズ『一般地質学』東京大学出版会(1989)
3) R.W. Fairbridge "*The changing level of the sea*", Scientific American, Vol. 204 (1969)
4) 社団法人地盤工学会『土質試験の方法と解説』(2000)
5) 日本建築学会『建築基礎構造設計指針』(1988)
6) 社団法人地盤工学会『地盤調査法』(1995)
7) 社団法人地盤工学会『土質試験：基本と手引き』(2001)
8) 日本建築学会『建築基礎設計のための地盤調査計画指針』(1985)
9) Terzaghi, K. and Peck, R.B.: *Soil Mechanics in Engineering Practice*, John Wiley & Sons. (1948)
10) Poulos H.G. and Davis E.H.: *Elastic solutions for soil and rock mechanics*, John Wiley & Sons, New York (1973)
11) T. William Lambe and Robert V. Whitman: *Soil Mechanics*, John Wiley & Sons. (1969)
12) 鋼管杭協会『鋼管杭―その設計と指針―』(1994)
13) コンクリートパイル建設技術協会『既製コンクリート杭』(2002)
14) 日本建築学会『構造用教材』(1995)

索 引

〈あ 行〉

アッターベルグ試験 …………………22
圧縮係数 …………………………………82
圧縮指数 …………………………………82
圧力球根 …………………………………57
圧密 ………………………………………77
　──係数 ………………………………90
　──降伏応力 …………………………82
　──試験 ………………………………80
　──先行荷重 …………………………83
　──沈下 ……………………………143
　──排水試験 ………………………106
　──非排水試験 ……………………107
　──未了粘土 …………………………85
安全率 …………………………………148
一次圧密 …………………………………95
一軸圧縮試験 …………………………111
一次元圧密理論 …………………………88
一面せん断試験 ………………………100
イライト …………………………………20
$e \sim \log p$ 曲線 ……………………………82
インターロッキング …………………112
打込み杭 ………………………………156
埋込み杭 ………………………………156
裏込め土 ………………………………124
運積土 ……………………………………2
影響円法 …………………………………62
影響係数 …………………………………53
液状化 …………………………………114
液性限界 …………………………………21
液性指数 …………………………………22
N 値 ……………………………………34
鉛直載荷試験 …………………………161
応力経路 …………………………………46
おぼれ谷 …………………………………7

〈か 行〉

オランダ式二重管コーン貫入試験 ……35
過圧密 ……………………………………84
　──比 …………………………………84
海進 ………………………………………7
海退 ………………………………………7
崖錐 ………………………………………3
カオリナイト ……………………………20
過剰間隙水圧 ……………………………66
片面排水条件 ……………………………93
間げき ……………………………………9
　──圧係数 …………………………108
　──水圧 ………………………………48
　──比 …………………………………10
　──率 …………………………………10
含水比 ……………………………………10
乾燥密度 …………………………………13
関東ローム ………………………………4
間氷期 ……………………………………5
木杭 ……………………………………155
既製コンクリート杭 …………………154
吸着水層 …………………………………20
極限支持力 ……………………………136
極限設計 ………………………………130
極限釣合い理論 ………………………137
許容支持力 ……………………………147
許容沈下量 …………………………147, 149
均等係数 …………………………………19
杭先端抵抗力 …………………………163
クイックサンド …………………………74
クーロン土圧 …………………………128
群杭 ……………………………………171
　──効率 ……………………………172
原位置ベーンせん断試験 ………………37
限界間げき比 …………………………113

索　引

限界含水比	21
限界沈下量	149
鋼管杭	154
洪積世	9
洪積層	2
孔内水平載荷試験	39
後背湿地	4
固定ピストン式シンウォールサンプラー	30
コロイド	19
コンシステンシー	21

〈さ　行〉

細砂	19
最小間げき比	14
最大間げき比	14
サウンディング	33
三角州	4
三軸圧縮試験	102
残積土	2
サンプリング	30
残留強さ	112
時間係数	92
支持力係数	139
事前調査	28
自然堤防	4
収縮限界	22
自由水	20
周面抵抗力	16　3
主働土圧	120, 121
──係数	121
受働土圧	122
──係数	122
植積土	5
しらす	5
シルト	19
浸透速度	67
浸透力	72
水平地盤反力係数	174
水中単位体積重量	51
水頭	64
──（圧力）	64
──（位置）	64

──（全）	64
──（速度）	64
スウェーデン式貫入試験	36
ストークスの法則	18
砂	19
寸法効果	141
正規圧密	84
静止土圧係数	43
静水圧	49
扇状地	4
せん断抵抗角	101
全般せん断破壊	137
相対密度	14
即時沈下	143
粗砂	19
塑性限界	21
塑性指数	22
速度検層	40

〈た　行〉

体積圧縮係数	81
堆積土	2
第1限界抵抗力	163
第2限界抵抗力	163
第四紀	5
ダイラタンシー	101
ダルシーの法則	66
単位体積重量	14
単杭	171
弾性支承はり	173
チャン（Chang）の解	174
沈下係数	144
沈降分析	16
土の密度	13
沖積世	9
沖積層	2
沖積土	2
中立点	171
定水位透水試験	70
displacement pile（排土杭）	156
──（non）	156
定積土	2
泥炭	5

鉄筋コンクリート杭 ……………………154
転倒モーメント ……………………131
凍結サンプリング ……………………32
等時曲線 ……………………93
透水係数 ……………………66
動水傾度 ……………………66
土粒子の密度 ……………………10

〈な 行〉

二次圧縮 ……………………95
　──指数 ……………………96
根入れ効果 ……………………140
粘着力 ……………………101
　──（見掛けの） ……………………111
粘土 ……………………19
　──鉱物 ……………………21

〈は 行〉

場所打ちコンクリート杭 ……………………157
半無限弾性体 ……………………52
非圧密非排水試験 ……………………109
ピート ……………………5
非排水せん断強さ ……………………111
氷河期 ……………………5
氷積土 ……………………2
標準貫入試験 ……………………33
風化土 ……………………2
風積土 ……………………2
ブーシネスクの解 ……………………56
フックの法則 ……………………43
負の摩擦力 ……………………169
ふるい分析 ……………………16
ブロムスの解 ……………………177
分級作用 ……………………5
平均圧密度 ……………………93
変水位透水試験 ……………………70

ポアソン比 ……………………43
ボイリング ……………………74
崩積土 ……………………2
飽和度 ……………………10
飽和密度 ……………………13
ボーリング ……………………28
本調査 ……………………28

〈ま 行〉

摩擦性材料 ……………………101
毛管現象 ……………………48
モール・クーロンの破壊規準 ……………………103
モールの応力円 ……………………43
モンモリロナイト ……………………20

〈や 行〉

ヤング係数 ……………………43
有機質土 ……………………5
有効応力 ……………………49
有効径 ……………………19
擁壁 ……………………130
　──（RC） ……………………130
　──（重力式） ……………………130

〈ら 行〉

ランキン土圧 ……………………121
粒径加積曲線 ……………………19
粒状体 ……………………14
粒度分布 ……………………18
流量速度 ……………………67
両面排水条件 ……………………93
$\sqrt{t}$法 ……………………94
礫 ……………………19
$\log t$法 ……………………94
ロータリー式二重管サンプラー ……………………30
ロータリーボーリング ……………………29

著者略歴

桑原　文夫（くわばら・ふみお）
　1970 年　東京工業大学工学部建築学科卒業
　1975 年　東京工業大学大学院理工学研究科建築学専攻修了（工学博士）
　1975 年　日本工業大学講師
　1978 年　日本工業大学助教授
　1991 年　日本工業大学教授　現在に至る
　1997 年　日本工業大学建築技術センター長（兼担）
　担当科目　建築地盤基礎工学，弾塑性学，部材の力学，材料力学実験
　専　　攻　地盤工学・基礎構造
　主要著書　『地盤工学ハンドブック』（共著）地盤工学会（1999）
　　　　　　『基礎の沈下予測と実際』（共著）地盤工学会（2000）
　　　　　　他

建築学入門シリーズ
地盤工学　　　　　　　　　　　　　　　　　　© 桑原文夫　2002

2002 年 10 月 25 日　第 1 版第 1 刷発行　【本書の無断転載を禁ず】
2007 年 11 月 10 日　第 1 版第 3 刷発行

著　　者　桑原文夫
発　行　者　森北博巳
発　行　所　森北出版株式会社
　　　　　　東京都千代田区富士見 1-4-11（〒102-0071）
　　　　　　電話 03-3265-8341／FAX 03-3264-8709
　　　　　　http://www.morikita.co.jp/
　　　　　　自然科学書協会・工学書協会　会員
　　　　　　JCLS ＜(株)日本著作出版権管理システム委託出版物＞

落丁・乱丁本はお取り替え致します　　　　印刷／太洋社・製本／協栄製本

Printed in Japan／ISBN978-4-627-50511-7

図書案内 ＞＞＞　　　　　　　　　　　　　　　　森北出版

住宅建築工事のトラブルを防ぐ 訴訟時代がやってくる	芳賀保夫 著	A5判	128頁
都市環境学	都市環境学教材編集委員会 編	B5判	232頁
基礎力が身につく建築環境工学	三浦昌生 著	B5判	144頁
空調・衛生技術データブック（第3版）	㈱テクノ菱和 編	A5判	1312頁
図解　建築設備	武田 仁 著	B5判	184頁
初歩の建築電気設備 基礎と演習	加藤義正 著	A5判	192頁
よくわかるコンクリートの劣化と補修	槇谷栄次 著	A5判	144頁
鋼 構 造 （第2版）	嶋津孝之・福原安洋 編 中山昭夫・高松隆夫・森村 毅 著	A5判	296頁
新しい鉄筋コンクリート構造	嶋津孝之・福原安洋 佐藤立美・大田和彦 著	A5判	304頁
最新 耐震構造解析（第2版）	柴田明徳 著	A5判	360頁
確率的手法による構造安全性の解析 確率の基礎から地震災害予測まで	柴田明徳 著	菊判	288頁
建築家のハンディデータブック（第2版）	建築技術懇話会 編	B6判	336頁

建築学入門シリーズ　　谷口汎邦・平野道勝 監修

書名	著者	判型	頁数
地盤工学	桑原文夫 著	A5判	204頁
建築構造の計画	寺本隆幸 著	A5判	184頁
鉄筋コンクリート構造	林 靜雄・清水昭之 著	A5判	216頁
建築構造の力学Ⅰ	寺本隆幸 著	A5判	256頁

もっと詳しい本の情報, 新刊の情報などはHPから

http://www.morikita.co.jp

図書案内 ≫≫≫ 森北出版

書名	著者	判型	頁数
やさしい数学 微分と積分まで	秋山 仁 監修／楠田 信 著	A5判	240頁
計算と数学 微分積分入門	樋口禎一・山崎晴司 著	A5判	216頁
技術者のための微分積分学 〈なぜ？微積分を学ぶのか〉	上野健爾 監修／阿蘇・沢田・冨山・森田 著	B5判	200頁
理論物理のための微分幾何学 可換幾何学から非可換幾何学へ	杉田勝実・岡本良夫・関根松夫 著	菊判	192頁
工学系学生のための常微分方程式[第2版]	小寺 忠・長谷川健二 著	菊判	192頁
工学系のための偏微分方程式	小出眞路 著	菊判	232頁
基礎複素解析	森中 央 著	A5判	192頁
数 論〈講義と演習〉	塩川宇賢 訳	菊判	272頁
はじめて学ぶ基礎統計学	鈴木義一郎 著	A5判	160頁
コルモゴロフの確率論入門	丸山哲郎・馬場良和 訳	A5判	208頁
数理統計学の基礎 〈よくわかる予測と確率変数〉	新納浩幸 著	A5判	184頁
やさしい確率・情報・データマイニング	月本 洋・松本一教 著	A5判	176頁
理工系のための応用確率論[基礎編]	福田 明 著	A5判	160頁
レベルアップ！線形代数 〈ジョルダン標準形への最短コース〉	早川英治郎 著	A5判	184頁
工学系学生のための線形代数 〈演習でステップアップ〉	小寺 忠・太田淳一 著	A5判	200頁
ウェーブレット変換の基礎	松本 忠・雛元孝夫・茂呂征一郎 訳	菊判	320頁
工学のためのフーリエ変換 〈ラプラス変換，Z変換をこえる〉	松尾 博 著	B5判	128頁

もっと詳しい本の情報，新刊の情報などはHPから

http://www.morikita.co.jp